水利工程施工管理与技术应用研究

刘长燕　王忠义　侯金鹏◎著

吉林科学技术出版社

图书在版编目（CIP）数据

水利工程施工管理与技术应用研究 / 刘长燕，王忠义，侯金鹏著. 长春：吉林科学技术出版社，2023.3
ISBN 978-7-5744-0174-7

Ⅰ．①水… Ⅱ．①刘… ②王… ③侯… Ⅲ．①水利工程－施工管理－研究 Ⅳ．①TV512

中国国家版本馆 CIP 数据核字（2023）第 056448 号

水利工程施工管理与技术应用研究

作　　者　刘长燕　王忠义　侯金鹏
出 版 人　宛　霞
责任编辑　金方建
幅面尺寸　185 mm×260mm
开　　本　16
字　　数　288 千字
印　　张　12.75
版　　次　2023 年 3 月第 1 版
印　　次　2023 年 3 月第 1 次印刷

出　　版　吉林科学技术出版社
发　　行　吉林科学技术出版社
地　　址　长春市净月区福祉大路 5788 号
邮　　编　130118
发行部电话/传真　0431-81629529　81629530　81629531
　　　　　　　　　 81629532　81629533　81629534

储运部电话　0431-86059116

编辑部电话　0431-81629518
印　　刷　北京四海锦诚印刷技术有限公司

书　　号　ISBN 978-7-5744-0174-7
定　　价　75.00 元

版权所有　翻印必究 举报电话：0431-81629508

前　言

　　水是基础性的自然资源和战略性的经济资源，水资源的可持续利用是经济社会可持续发展的重要保证。我国的淡水资源严重短缺且时空分布极不均衡，是全球人均水资源最贫乏的国家之一。随着经济社会的快速发展和人口的不断增长，水资源的供需矛盾日益突出，这已成为我国经济社会可持续发展的重要制约因素。当前，我国的水利工作进入了新时期。习近平总书记提出新时期治水思路为"节水优先、空间均衡、系统治理、两手发力"。同时，党中央国务院高度重视水利工作，把水资源作为重要的战略资源，强调要以水资源的可持续利用支持社会的可持续发展。随着社会对水利的重要地位和作用的认识不断深化，特别是水利部新的治水思路的提出，水利必将迎来新的快速发展时期，其基本建设任重而道远。水利工程是改造大自然并充分利用大自然资源为人类造福的工程。在当前的市场竞争环境下，大幅提升企业项目管理水平，降低施工成本，提高施工技术水平，是水利施工企业立足国内市场，开拓国际市场的关键所在。施工企业的管理水平直接决定着企业的发展潜力，影响着水利水电工程建设的质量，因此水利施工企业的管理工作就必然成为建设管理的重要环节。

　　本书是水利工程施工管理与技术应用研究方向的著作。本书从施工导流介绍入手，针对导流设计流量与导流方案的选择、截流工程、围堰工程、施工排水进行了分析研究，同时对地基与土石坝施工、混凝土工程做了一定的介绍，还剖析了水利工程管理、水利施工安全管理、水利工程施工进度控制、水利工程施工质量控制等内容，旨在摸索出一条适合现代水利工程施工的科学道路，帮助其工作者在应用中少走弯路，运用科学方法，提高效率，还对水利工程施工管理与技术应用研究有一定的借鉴意义。

　　由于撰写时间仓促，加之作者水平有限，书中难免存在缺点和疏漏之处，恳切地希望读者对本书存在的缺点和错误提出批评和建议，以待进一步修改，使之更加完善。

目 录

第一章 施工导流

第一节 导流设计流量与导流方案的选择

一、施工导流

（一）施工导流的任务

在河流上修建水工建筑物，施工期往往与通航、筏运、渔业、灌溉或水电站运行等水资源综合利用的要求发生矛盾。

水利水电工程整个施工过程中的施工导流，广义上说可以概括为采取"导、截、拦、蓄、泄"等工程措施，解决施工和水流蓄泄之间的矛盾，避免水流对水工建筑物施工的不利影响，把水流全部或部分地导向下游或拦蓄起来，以保证水工建筑物的干地施工和在施工期不受影响或尽可能提高施工期水资源的综合利用。

施工导流设计的任务是：

1. 根据水文、地形、地质、水文地质、枢纽布置及施工条件等基本资料，选择导流标准，划分导流时段，确定导流设计流量；

2. 选择导流方案及导流建筑物的形式；

3. 确定导流建筑物的布置、构造及尺寸；

4. 拟定导流建筑物的修建、拆除、堵塞的施工方法以及截流、拦洪度汛和基坑排水等措施。

（二）施工导流的概念

施工导流就是在河流上修建水工建筑物时，为了使水工建筑物在干地上进行施工，需要用围堰围护基坑，并将水流引向预定的泄水通道往下游宣泄。

（三）施工导流的基本方法

施工导流的基本方法大体上可分为两类：一类是分段围堰法导流，水流通过被束窄的河床、坝体底孔、缺口或明槽等向下游宣泄；另一类是全段围堰法，水流通过河床以外的临时或永久隧洞、明渠或涵管等向下游宣泄。

除了以上两种基本导流形式以外，在实际工程中还有许多其他导流方式。如当泄水建筑物不能全部宣泄施工过程中的洪水时，可采用允许基坑被淹的导流方法，在山区性河流上，水位暴涨暴落，采用此种方法可能比较经济；有的工程利用发电厂房导流；在有船闸的枢纽中，利用船闸闸室进行导流；在小型工程中，如果导流设计流量较小，可以穿过基坑架设渡槽来宣泄导流流量等。

（四）分段围堰法导流

1. 基本概念

分段围堰法（也称分期围堰法）：就是用围堰将水工建筑物分段分期围护起来进行施工的方法。先在右岸进行第一期工程的施工，河水由左岸束窄的河床向下游宣泄。在修建一期工程时，为使水电站、船闸等早日投入运行，发挥效益，满足初期发电和施工的要求，应优先安排水电站、船闸的施工，并在建筑物内预留导流底孔或缺口，以满足后期导流。到第二期工程施工时，河水经过底孔或缺口等向下游宣泄。对于临时底孔，在工程接近完工或需要时要加以封堵。

如三峡水利枢纽施工总工期 17 年，分为三个阶段，施工导流分为两段三期。第一阶段，1993—1997 年（包括准备 2 年），主要施工任务包括右岸开挖导流明渠，并浇筑混凝土纵向围堰（右导墙），左岸岸上建筑物开挖及部分混凝土浇筑。在此阶段水流从主河床向下游宣泄。1997 年 11 月 8 日长江（大江）截流。第二阶段 1998—2003 年，1998 年 5 月 1 日临时船闸通航，主要施工任务为河床及左岸建筑物的施工。2002 年河床大坝混凝土浇筑至坝顶 185m，2002 年 11 月 6 日导流明渠（三期）截流，形成三期基坑。2003 年工程开始蓄水、发电、通航。在此施工阶段，水流通过右岸明渠向下游宣泄。第三阶段 2004—2009 年，主要施工任务为右岸建筑物的施工。在此施工阶段，水流通过水轮机组和导流底孔向下游宣泄。

2. 分段与分期的概念

所谓分段就是在空间上用围堰将建筑物分成若干施工段进行施工。所谓分期就是在时间上将导流分为若干时期。段数分得越多，围堰工程量越大，施工也越复杂；同样，施工期数分得越多，工期可能拖得越长。因此，在工程实践中应合理地选择施工分段和分期，二段二期导流方案采用得最多。

3. 导流程序

施工前期水流通过被束窄的河床向下游宣泄，施工后期水流通过预留的泄水通道或永久建筑物向下游宣泄。后期泄水方式包括坝体底孔、缺口、明渠等。

采用底孔导流时，应事先在混凝土坝体内修好临时底孔或永久底孔，导流时让全部或部分导流流量通过底孔宣泄到下游，保证工程继续施工。如是临时底孔，则在工程接近完工或需要蓄水时加以封堵。这种方法在分段分期修建混凝土坝时用得较为普遍。临时底孔的断面多采用矩形，为了改善底孔周围的应力状况，也可采用有圆角的矩形。按水工结构要求，孔口尺寸应尽量小。底孔导流的优点是挡水建筑物上部的施工不受水流干扰，有利于均衡连续施工，这对修建高坝特别有利。

坝体缺口导流，在混凝土坝施工过程中，汛期河水暴涨暴落，其他导流建筑物不足以宣泄全部导流流量时，为了不影响施工进度，使大坝在涨水时仍能继续施工，可以在未建成的坝体上预留缺口，以便配合其他导流建筑物宣泄洪峰流量；待洪峰过后，上游水位回落，再继续修建缺口部分。

4. 纵向围堰位置的选择和河床束窄度的确定

在分段围堰法导流中，纵向围堰位置的确定，是河床束窄度选择的关键问题之一。纵向围堰位置的确定应考虑如下因素：

（1）束窄河床流速满足施工期通航、筏运、围堰和河床防冲等的要求，不能超过允许流速；

（2）各段主体工程的工程量、施工强度比较均衡；

（3）便于布置后期导流的泄水建筑物，不致使后期围堰过高或截流落差过大，造成截流困难；

（4）结合永久建筑物布置，尽量利用永久建筑物的导墙、隔离体等；

（5）地形条件。

束窄河床的允许流速，一般取决于围堰及河床的抗冲允许流速；但在某些情况下，也可以允许河床被适当刷深，或预先将河床挖深、扩宽，采取防冲措施。在通航的河道上，束窄河段的流速、水面比降、水深及河宽等还应与当地通航部门共同协商研究来确定。

河床束窄度可用下式来表示：

$$K = \frac{A_2}{A_1} \times 100\% \qquad (1-1)$$

式中, K ——河床束窄程度, 简称束窄度, %;

A_1 ——原河床的过水面积, m^2;

A_2 ——围堰和基坑所占的过水面积, m^2。

国内外一些工程的 K 值的取值范围在 40%~70%。

束窄河床平均流速, 可按下式确定:

$$v_c = \frac{Q}{\varepsilon(A_1 - A_2)} \qquad (1-2)$$

式中, v_c ——束窄河床的平均流速, m/s;

Q ——导流设计流量, m^3/s;

ε ——侧收缩系数, 单侧收缩时采用 0.95, 两侧收缩时采用 0.90。

由于围堰使河床束窄, 破坏了河流原来的水流状态, 在束窄段前产生水位壅高, 壅水高度可由下式估算:

$$z = \frac{v_c^2}{\varphi^2 2g} - \frac{v_0^2}{2g} \qquad (1-3)$$

式中, z ——壅高, m;

φ ——流速系数, 随围堰布置形式而定;

v_0 ——行进流速, m/s;

g ——重力加速度, $9.81m/s^2$。

(五) 全段围堰法导流

1. 基本概念

在河床主体工程的上下游各修建一道拦河围堰, 使河水经河床以外的临时泄水道或永久泄水建筑物下泄。主体工程建成或接近建成时, 再将临时泄水通道封死。

2. 分类

隧洞导流、明渠导流和涵管导流。

3. 隧洞导流

隧洞导流是在河岸中开挖隧洞, 在基坑上下游修筑围堰, 河水经由隧洞下泄。

适用条件: 适用于山区河流, 河谷狭窄、两岸地形陡峻, 岩石坚硬的工程。

布置原则: 导流隧洞的布置, 决定于地形、地质、枢纽布置以及水流条件等因素。

(1) 将隧洞布置在完整新鲜的岩层中。为防止沿线可能产生的大规模塌方, 应避免洞线与岩层、断层、破碎带平行。洞线与岩石层面交角在 45°以上, 层面倾角也以不小于

45°为宜。

（2）利用坝趾附近有利地形，尽量使洞线顺直。河道弯曲时宜布置在凸岸，不仅缩短洞线，且水力条件较好。

（3）对有压隧洞和低流速无压隧洞，转弯半径应大于 5 倍洞宽，转折角不宜大于60°，弯道上下游过渡段，直线长度大于 5 倍洞宽，高流速无压隧洞应尽量避免转弯。

（4）进出口与河道主流方向的夹角不宜太大，出口交角小于 30°，进口可适当放宽要求。

（5）采用两条以上隧洞导流时，洞间壁厚一般不小于开挖洞宽的 2 倍。

（6）隧洞进出口距上下游围堰坡脚和永久建筑物应有足够的距离，一般应大于 50m。

（7）应有足够的埋深。

（8）控制底坡。

（9）与永久建筑物结合。

4. 明渠导流

明渠导流是在河岸上开挖渠道，在基坑上下游修筑围堰，河水经渠道下泄。

适用条件：适用于岸坡平缓或有宽广滩地的平原河道。

导流明渠的布置一定要保证水流顺畅，泄水安全，施工方便，缩短轴线，减少工程量。具体应：

（1）明渠进出口应与上下游水流相衔接，与河道主流的交角以小于 30°为宜；

（2）为保证水流畅通，明渠转弯半径应大于 5 倍渠底宽度；

（3）明渠进出口与上下游围堰及其他建筑物要有适当的距离，一般以 50~100m 为宜，以防明渠进出口水流冲刷建筑物；

（4）为减少水流向基坑内渗流，明渠水面到基坑水面之间的最短距离以大于 2.5~3.0H 为宜，其中，H 为明渠水面与基坑水面的高差，以米（m）计；

（5）尽量与永久建筑物结合和充分利用天然的古河道、垭口等有利地形；

（6）必须充分考虑挖方的利用；

（7）防冲问题应引起足够重视，尽量减小糙率；

（8）在设计时应考虑封堵措施。

二、导流设计流量与导流方案的选择

导流设计流量是选择导流方案、设计导流建筑物的主要依据。导流设计流量一般须结合导流标准和导流时段的分析来决定。

（一）导流标准

导流标准是选择导流设计流量进行施工导流设计的标准，它包括初期导流标准、坝体拦洪时的导流标准等。

施工初期导流标准，首先须根据永久建筑的级别确定临时建筑物的级别，然后根据保护对象、失事后的后果、使用年限及工程规模等将导流建筑物分为Ⅲ～Ⅴ级。再根据导流建筑物的级别和类型，在规范规定的幅度内，选定相应的洪水重现期作为初期导流标准。

1. 工程等级的划分

（1）水利水电工程等级划分

水利水电工程按其工程规模、效益及在国民经济中的重要性，划分为Ⅰ、Ⅱ、Ⅲ、Ⅳ、Ⅴ五个级别，适用于不同地区、不同条件下建设的防洪、灌溉、发电、供水和治涝等水利水电工程。

对综合利用的水利水电工程，当按各综合利用项目的分级指标确定的级别不同时，其工程级别应按其中最高级别确定。

灌溉、排水泵站的级别，应根据其装机流量与装机功率确定。工业、城镇供水泵站的级别，应根据其供水对象的重要性确定。

（2）水工建筑物级别

水利水电工程中水工建筑物的级别，反映了工程对水工建筑物的技术要求和安全要求。应根据所属工程的级别及其在工程中的作用和重要性分析确定。

①永久性水工建筑物级别。水利水电工程的永久性水工建筑物的级别，应根据其所在工程的级别和建筑物的重要性确定为五级，分别为1、2、3、4、5级。

②堤防工程的级别，应按《堤防工程设计规范》（GB 50286—2013）确定。穿堤水工建筑物的级别，按所在堤防工程的级别和与建筑物规模相应的级别高者确定。

③临时性水工建筑物级别。水利水电工程施工期使用的临时性挡水和泄水建筑物的级别，应根据保护对象的重要性、失事后果、使用年限和临时性建筑物规模确定。

当临时性水工建筑物根据指标分属不同级别时，其级别应按其中最高级别确定。但对3级临时性水工建筑物，符合该级别规定的指标不得少于两项。

④水工建筑物级别的调整。永久性水工建筑物级别的提高。失事后损失巨大或影响十分严重的水利水电工程的2～5级主要永久性水工建筑物，经过论证并报主管部门批准，可提高一级。

当永久性水工建筑物基础的工程地质条件复杂时，其基础设计参数不易准确确定，或采用新型结构时，对 2~5 级建筑物可提高一级设计，但洪水标准不予提高。

临时性水工建筑物级别的提高。利用临时性水工建筑物挡水发电、通航时，经过技术经济论证，3 级以下临时性水工建筑物的级别可提高一级。

水工建筑物级别的降低。失事后造成损失不大的水利水电工程的 1~4 级主要永久性水工建筑物，经过论证并报主管部门批准，可降低一级。

2．洪水标准

在水利水电工程设计中，不同等级的建筑物所采用的按某种频率或重现期表示的洪水（包括洪峰流量、洪水总量及洪水过程）称为洪水标准。

设计永久性水工建筑物所采用的洪水标准分为设计洪水标准（正常运用）和校核洪水标准（非常运用）两种。正常运用的洪水标准较低（即出现概率较大），此标准的洪水称为设计洪水，用它来确定水利水电枢纽工程的设计洪水位、设计泄洪流量等，工程遇到设计洪水时应能保持正常运用。当工程遇到校核标准的洪水时，主要建筑物不得破坏，只是允许一些次要建筑物（如导流堤、工作桥、护岸等）损毁或失效，这种情况称为"非常运用"情况。

临时性水工建筑物的洪水标准，应根据建筑物的结构类型和级别，结合风险度综合分析，合理选择，对失事后果严重的，应考虑超标准洪水的应急措施。各类水利水电工程的洪水标准应按《水利水电工程等级划分及洪水标准》（SL 252—2000）确定。

（1）永久性水工建筑物的洪水标准

水利水电工程永久性水工建筑物的洪水标准，应按山区、丘陵区和平原、滨海区分别确定。

当山区、丘陵区的水利水电工程永久性水工建筑物的挡水高度低于 15m，且上下游最大水头差小于 10m 时，其洪水标准宜按平原、滨海区标准确定；当平原区、滨海区的水利水电工程永久性水工建筑物的挡水高度高于 15m，且上下游最大水头差大于 10m 时，其洪水标准宜按山区、丘陵区标准确定。

江河采取梯级开发方式，在确定各梯级水利水电工程的永久性水工建筑物的设计洪水与校核洪水标准时，还应结合江河治理和开发利用规划，统筹研究，相互协调。

（2）临时性水工建筑物洪水标准

临时性水工建筑物洪水标准，应根据建筑物的结构类型和级别，在规定的幅度内，结合风险度综合分析，合理选用。对失事后果严重的，应考虑遇超标准洪水的应急措施。

导流建筑物的设计洪水标准，应根据其保护对象的结构特点、导流方式、工期长短、使用要求、淹没影响及河流水文特性等不同情况，在规定的幅度内分析确定临时性水工建筑物的洪水标准。必要时还应考虑可能遭遇超标准洪水的紧急措施。

在工程设计标准中区分山丘区和平原区，是由于这两类地区的河流水文特性有很大差异。山丘区暴雨洪水来势猛、传播快、破坏力强、对工程的安全施工威胁性较大，所以洪水标准应该高一些；平原地区洪水来势缓、传播时间较长，暴雨之后，尚有一定间隔时间进行水文预报，以便采取临时应急措施，因此平原地区临时性工程的洪水标准可略低一些。

（3）导流设计洪水标准

导流设计洪水标准选择，应结合工程具体情况进行分析、论证，提出推荐意见，经上级主管部门审查确定。在比较选择中，一般根据下列情况酌情采用规范的上限或下限，提高或降低标准。

①临时性建筑物的级别，系按被围护的永久性建筑物的等级确定。根据永久性建筑物级别在等级划分中的上限或下限，相应的临时性建筑物洪水标准，可酌情采用上限或下限，也可提高或降低等级。

②当河流水文实测系列较长，洪水规律性明显时，可根据洪水规律性适当选择标准；若水文实测系列较短，或资料不可靠时，须从不利情况出发，留有余地。

③围堰的高低及其形成库容的大小。库容越大，一旦失事对下游的危害也大，其标准可适当提高。

④保护对象的结构特点。对于土石坝，临时坝面一般不允许过水，根据具体情况及其他条件，其标准可用上限；对于混凝土或浆砌石重力式结构，临时坝面允许过水时，可酌情采用下限。

⑤基坑施工期的长短。临时性工程的洪水标准与施工工期有直接关系，工期越长，遭遇较大洪水的概率越大，洪水标准宜稍高一些；反之工期越短，其洪水标准可稍低一些。如仅使用一个枯水期，其标准应比经过汛期的低，经过一个汛期的应比经过两个汛期的低。当坝体施工能在一个枯、中水期达到拦洪或安全度汛高程时，围堰就不需要挡御全年洪水，可采用某一时段的洪水标准，同时应进行施工时段的选择。

⑥围堰结构为土石围堰，且不允许过水时，其标准应高于混凝土或浆砌石重力围堰。

⑦导流泄水建筑物采用封闭式结构（如隧洞、涵管）时，其超泄能力比开敞式结构小，失事后修复也较开敞式结构困难，选用标准时要适当严一些。

⑧若导流泄水建筑物参与后期导流，其设计标准应考虑后期导流的洪水标准。

⑨当导流建筑物与永久水工建筑物结合时，其结合部分应采用永久建筑物的设计标准。

导流标准的选择方法，除按频率法外，也可采用典型年法。当水文实测系列较长时，可用实测系列的最大值或系列中某一典型值。在实际应用中，往往两者结合考虑。

导流标准的选择受众多随机因素的影响。如果标准太低，不能保证施工安全；反之，则使导流工程设计规模过大，不仅增加导流费用，而且可能因其规模太大以致无法按期完成，造成工程施工的被动局面。因此，大型工程导流标准的确定，应结合风险度的分析，使所选标准更加经济合理。

（二）导流时段

在工程施工过程中，不同阶段可以采用不同的施工导流方法和挡水、泄水建筑物。不同导流方法组合的顺序，通常称为导流程序。导流时段就是按导流程序所划分的各施工阶段的延续时间，具有实际意义的导流时段，主要是围堰挡水而保证基坑干地施工的时间，所以也称挡水时段。

导流时段的划分与河流的水文特征、水工建筑物的布置和形式、导流方案、施工进度等因素有关。按河流的水文特征可分为枯水期、中水期和洪水期。在不影响主体工程施工的条件下，若导流建筑物只负担枯水期的挡水、泄水任务，显然可大大减少导流建筑物的工程量，改善导流建筑物的工作条件，具有明显的技术经济效果。因此，合理划分导流时段，明确不同时段导流建筑物的工作条件，是既安全又经济地完成导流任务的基本要求。

（三）导流设计流量

1. 不过水围堰应根据导流时段来确定。如果围堰挡全年洪水，其导流设计流量就是选定导流标准的年最大流量，导流挡水与泄水建筑物的设计流量相同；如果围堰只挡某一枯水时段，则按该挡水时段内同频率洪水作为围堰和该时段泄水建筑物的设计流量，但确定泄水建筑物总规模的设计流量，应按坝体施工期临时度汛洪水标准决定。

2. 过水围堰允许基坑淹没的导流方案，从围堰工作情况看，有过水期和挡水期之分，显然它们的导流标准应有所不同。

过水期的导流标准应与不过水围堰挡全年洪水时的标准相同。其相应的导流设计流量主要用于围堰过水情况下，加固保护措施的结构设计和稳定分析，也用于校核导流泄水道的过水能力。

挡水期的导流标准应结合水文特点、施工工期及挡水时段，经技术经济比较后选定。当水文系列较长，大于或等于30年时，也可根据实测流量资料分析选用。其相应的导流设计流量主要用于确定堰顶高程、导流泄水建筑物的规模及坝体的稳定分析等。

（四）导流方案选择

水利水电枢纽工程施工，从开工到完建往往不是采用单一的导流方法，而是几种导流方式组合起来配合运用，以取得最佳的技术经济效果。这种不同导流时段、不同导流方式的组合，通常称为导流方案。

导流方案的选择受多种因素的影响。一个合理的导流方案，必须在周密研究各种影响因素的基础上，拟订几个可能的方案，进行技术经济比较，从中选择技术经济指标优越的方案。

1. 选择导流方案时应考虑的主要因素

影响导流方案的因素较多，主要有以下几方面：

（1）地形、地质条件

坝址河谷地形、地质，往往是决定导流方案的主要因素。各种导流方式都必须充分利用有利地形，但还必须结合地质条件，有时河谷地形虽然适合分期导流，但由于河床覆盖层较深，纵向围堰基础防渗、防冲难以处理，不得不采用明渠导流。

（2）水文特性

河流的流量大小、水位变化的幅度、全年流量的变化情况、枯水期的长短、汛期洪水的延续时间、冬季的流凌及冰冻情况等，均直接影响导流方案的选择。一般来说，对于河床宽、流量大的河流，宜采用分段围堰法导流。对于水位变化幅度大的山区河流，可采用允许基坑淹没的导流方法，在一定时期内通过过水围堰和基坑来宣泄洪峰流量。对于枯水期不长的河流，如果不利用洪水期进行施工，就会拖延工期。对于有流凌的河流，应充分注意流凌的宣泄问题，以免流凌壅塞，影响泄流，造成导流建筑物失事。

（3）主体工程的形式与布置

水工建筑物的结构形式、总体布置、主体工程量等，是导流方案选择的主要依据之一。导流需要尽量利用永久建筑物，坝址、坝型选择及枢纽布置也必须考虑施工导流，两者是互为影响的。对于高土石坝，一般不采用分期导流，常用隧洞、涵洞、明渠等方式导流，不宜采用过水围堰，有时也允许坝面过水，但必须有可靠的保护措施。对于混凝土坝，允许坝面过水，常用过水围堰，但对主体工程规模较大、基坑施工时间较长的工程，宜采用不过水围堰，以保证基坑全年施工。对于低水头电站，有时还可利用围堰挡水发电，以提前受益，如葛洲坝工程、三峡工程等。

（4）施工因素

导流方案与施工总进度的关系十分密切，不同的导流方案有不同的施工程序，不同的施工程序影响导流的分期和导流建筑物的布置，而施工程序将影响工程受益时间和总工期。因此，在选择导流方案时，必须考虑施工方法和程序，施工强度和进度，土石方的平衡和利用，场内外交通和施工布置。随着大型土石方施工机械的出现和机械化施工的不断完善，土石围堰用得更多、更高了，明渠的规模也越来越大。例如伊泰普水电站，虽河床宽阔，具有分期导流条件，为了加快施工进度和就近解决两岸土石坝的填料，采用了大明渠结合底孔的导流方案，明渠开挖量达 2 200 万 m^3。

（5）综合利用因素

施工期间的综合利用主要有通航、筏运及上、下游有梯级电站时的发电、灌溉、供水、生态保护等。在拟订和选择导流方案时，应综合考虑，使各期导流泄水建筑物尽量满足上述要求。

在选择导流方案时，除了综合考虑以上各方面的因素外，还应使主体工程尽可能及早发挥效益，简化导流程序，降低导流费用，使导流建筑物既简单易行，又安全可靠。

2. 导流方案的选择

导流方案的选择，必须根据工程的具体条件，拟订几个可行的方案，进行全面的分析比较。不仅前期导流，对中、后期导流也要做全面分析。由于施工导流在整个工程施工过程中属于全局性和战略性的决策，分析导流方案时，不能仅仅从导流工程造价来衡量，还必须从施工总进度、施工交通与布置，主体工程量与造价及其他国民经济的要求等进行全面的技术经济比较。在一定条件下，还须论证坝址、坝型及枢纽总体布置的合理性。最优的导流方案，一般体现在以下几方面：

（1）整个枢纽工程施工进度快、工期短、造价低，尽可能压缩前期投资，尽快发挥投资效益；

（2）主体工程施工安全，施工强度均衡，干扰小，保证施工的主动性；

（3）导流建筑物简单易行，工程量少，造价低，施工方便，速度快；

（4）满足国民经济各部门的要求（如通航、筏运及蓄水阶段的供水、移民等）。

导流方案选择时，一般须提出以下成果：

（1）导流标准，施工时段及导流流量的选择；

（2）各方案的导流工程量与造价，主要技术经济指标，水力学指标；

（3）导流方案的布置，挡水与泄水建筑物的形式与尺寸，施工程序与进度分析；

（4）截流、基坑排水的主要指标和措施；

（5）坝体施工期度汛及封堵蓄水的主要指标和措施；

（6）施工总进度的主要指标，包括总工期、第一台机组发电日期、河道截流、断航、施工强度、劳动力等；

（7）通航等综合利用措施；

（8）主要方案的水力学模型试验成果。

第二节　截流工程

一、截流的施工过程

截流过程包括：戗堤进占、龙口部位的加固、合龙、闭气。

在施工导流中，截断原河床水流，才能最终把河水引向导流泄水建筑物下泄，在河床中全面开展主体建筑物的施工，这就是截流。截流实际上是在河床中修筑横向围堰工作的一部分。在大江大河中截流是一项难度比较大的工作。

截流施工的过程一般为：先在河床的一侧或两侧向河床中填筑截流戗堤，这种向水中筑堤的工作叫作进占。戗堤填筑到一定程度，把河床束窄，形成了流速较大的龙口。封堵龙口的工作称为合龙。在合龙开始以前，为了防止龙口河床或戗堤端部被冲毁，须采取防冲措施对龙口加固。合龙以后，龙口部位的戗堤虽已高出水面，但其本身依然漏水，因此须在其迎水面设置防渗设施。在戗堤全线上设置防渗设施的工作叫闭气。所以，整个截流过程包括戗堤的进占、龙口范围的加固、合龙和闭气等工作。截流以后，再在这个基础上，对戗堤进行加高培厚，直至达到围堰设计要求。

截流在施工导流中占有重要的地位，如果截流不能按时完成，就会延误整个河床部分建筑物的开工日期；如果截流失败，失去了以水文年计算的良好截流时机，则可能拖延工期达一年。所以在施工导流中，常把截流看作一个关键性问题，它是影响施工进度的一个控制项目。

截流之所以被重视，还因为截流本身无论在技术上和施工组织上都具有相当的艰巨性和复杂性。为了胜利截流，必须充分掌握河流的水文特性和河床的地形、地质条件，掌握在截流过程中水流的变化规律及其对截流的影响。为了顺利地进行截流，必须在非常狭小的工作面上以相当大的施工强度在较短的时间内进行截流的各项工作，为此必须严密组织施工。对于大河流的截流工程，事先必须进行缜密的设计和水工模型试验，对截流工作做出充分的论证。此外，在截流开始之前，还必须切实做好器材、设备和组织上的充分准备。

二、截流的基本方法

截流的基本方法有立堵法和平堵法两种。

（一）立堵法截流

立堵法截流是将截流材料从龙口一端向另一端或从两端向中间抛投进占，逐渐束窄龙口，直至全部拦断。截流材料通常用自卸汽车在进占戗堤的端部直接卸料入水，个别巨大的截流材料也有用起重机、推土机投放入水的。

立堵法截流不需要在龙口架设浮桥或栈桥，准备工作比较简单，费用较低。但截流时龙口的单宽流量较大，出现的最大流速较高，而且流速的分布很不均匀，需要用单个重量较大的截流材料。截流时工作前线狭窄，抛投强度受到限制，施工进度受到影响。根据国内外截流工程的实践和理论研究，立堵法截流一般适应于流量大、岩基或覆盖层较薄的岩基河床。对软基河床只要护底措施得当，采用立堵法截流同样有效。

（二）平堵法截流

平堵法截流事先要在龙口架设浮桥或栈桥，用自卸汽车沿龙口全线从浮桥或栈桥上均匀地抛填截流材料直至戗堤高出水面为止。因此，平堵法截流时，龙口的单宽流量较小，出现的最大流速较低，且流速分布均匀，截流材料单个重量也较小，截流时工作前线长，抛投量较大，施工进度快。但在通航河道，龙口的浮桥或栈桥会妨碍通航。平堵法截流常用于软基河床上。

截流设计首先应根据施工条件，充分研究两种方法对截流工作的影响，通过试验研究和分析比较来选定。有的工程亦有先用立堵法进占，而后在小范围龙口内用平堵法截流，这称为立平堵法。严格说来，平堵法都先以立堵进占开始，而后平堵，类似立平堵法，不过立平堵法的龙口较窄。

三、截流日期和截流设计流量

截流日期的选择，应该是既要把握截流时机，选择在最枯流量时段进行；又要为后续的基坑工作和主体建筑物施工留有余地，不致影响整个工程的施工进度。在确定截流日期时，应考虑以下要求。

1. 截流以后，需要继续加高围堰，完成排水、清基、基础处理等大量基坑工作，并应把围堰或永久建筑物在汛期前抢修到一定高程以上。为了保证这些工作的完成，截流日期应尽量提前。

2. 在通航河流上进行截流，截流日期最好选在对航运影响较小的时段内。因为截流过程中，航运必须停止，即使船闸已经修好，因截流时水位变化较大，亦须停航。

3. 在北方有冰凌的河流上，截流不应在流凌期进行。因为冰凌很容易堵塞河道或导流泄水建筑物，壅高上游水位，给截流带来极大困难。

此外，在截流开始前，应修好导流泄水建筑物，并做好过水准备。如清除影响泄水建筑物运用的围堰或其他设施，开挖引水渠，完成截流所需的一切材料、设备、交通道路的准备等。

据上所述，截流日期一般多选在枯水期初，流量已有明显下降的时候，而不一定选在流量最小的时刻。但是，在截流设计时，根据历史水文资料确定的枯水期和截流流量与截流时的实际水文条件往往有一定出入。因此，在实际施工中，还须根据当时的水文气象预报及实际水情分析进行修正，最后确定截流日期。

龙口合龙所需的时间往往是很短的，一般从数小时到几天。为了估计在此时段内可能发生的水情，做好截流的准备，须选择合理的截流设计流量。一般可按工程的重要程度选用截流时期内 10%~20% 频率的旬或月平均流量。如果水文资料不足，可用短期的水文观测资料或根据条件类似的工程来选择截流设计流量。无论用什么方法确定截流设计流量，都必须根据当时实际情况和水文气象预报加以修正，按修正后的流量进行各项截流的准备工作，作为指导截流施工的依据。

四、龙口位置和宽度

能否正确选择龙口位置，对截流工作顺利与否有密切关系。

选择龙口位置时主要考虑以下一些技术要求：

1. 一般情况下，龙口应设置在河床主流部位，方向力求与主流顺直，使截流前河水能较顺畅地经由龙口下泄。但有时也可以将龙口设置在河滩上，此时，为了使截流时的水流平顺，应在龙口上、下游顺河流流势按流量大小开挖引河。龙口设在河滩上时，一些准备工作就不必在深水中进行，这对确保施工进度和施工质量均较有利。

2. 龙口应选择在耐冲河床上，以免截流时因流速增大，引起过分冲刷。如果龙口段河床覆盖层较薄，则应清除；否则，应进行护底防冲。

3. 龙口附近应有较宽阔的场地，以便布置截流运输路线和制作、堆放截流材料。

原则上龙口宽度应尽可能窄些，这样合龙的工程量就小些，截流的延续时间也短些，但以不引起龙口及其下游河床的冲刷为限。为了提高龙口的抗冲能力，减少合龙的工程量，须对龙口加以保护。龙口的保护包括护底和裹头。护底一般采用抛石、沉排、竹笼、柴石枕等。裹头就是用石块、钢筋石笼、黏土麻袋包或草包、竹笼、柴石枕等把戗堤的端部保护起来，以防被水流冲塌。裹头多用于平堵戗堤两端或立堵进占端对面的戗堤。龙口宽度及其防护措施，可根据相应的流量及龙口的抗冲流速来确定。在通航河道上，当截流准备期通航设施尚未投入运用时，船只仍须在截流前由龙口通过。这时龙口宽度便不能太窄，流速也不能太大，以免影响航运。如葛洲坝工程的龙口，由于考虑通航流速不能大于 3.0m/s，所以龙口宽度达 220m。

五、截流材料和备料量

截流材料的选择，主要取决于截流时可能发生的流速及工地开挖、起重、运输设备的能力，一般应尽可能就地取材。在黄河上，长期以来用梢料、麻袋、草包、石料、土料等作为堤防溃口的截流堵口材料。在南方，如四川都江堰，则常用卵石、竹笼、砾石等作为截流堵河分流的主要材料。国内外大江大河截流的实践证明，块石是截流的最基本材料。此外，当截流水力条件较差时，还须使用人工块体，如混凝土六面体、四面体、四脚体及钢筋混凝土构架等。

为确保截流既安全顺利，又经济合理，正确计算截流材料的备料量是十分必要的。备料量通常按设计的戗堤体积再增加一定裕度，主要是考虑到堆存、运输中的损失，水流冲失、戗堤沉陷以及可能发生比设计更坏的水力条件而预留的备用量等。但是据不完全统计，国内外许多工程的截流材料备料量均超过实际用量，少者多于50%，多则达400%，尤其是人工块体大量剩余。

造成截流材料备料量过大的原因，主要是：①截流模型试验的推荐值本身就包含了一定安全裕度，截流设计提出的备料量又增加了一定富余，而施工单位在备料时往往在此基础上又留有余地；②水下地形不太准确，在计算戗堤体积时，常从安全角度考虑取偏大值；③设计截流流量通常大于实际出现的流量等。如此层层加码，处处考虑安全富余，所以即使像青铜峡工程的截流流量，实际大于设计，仍然出现备料量比实际用量多78.6%的情况。因此，如何正确估计截流材料的备用量，是一个很重要的课题。当然，备料恰如其分不大可能，须留有余地。但对剩余材料，应预做筹划，安排好用处，特别像四面体等人工材料，大量弃置，既浪费，又影响环境，可考虑用于护岸或其他河道整治工程。

六、截流水力计算

截流水力计算的目的是确定龙口位置诸水力参数的变化规律。它主要解决两个问题：一是确定截流过程中龙口各水力参数，如单宽流量 q、落差 z 及流速 v 等的变化规律；二是由此确定截流材料的尺寸或重量及相应的数量。这样，在截流前，可以有计划有目的地准备各种尺寸或重量的截流材料及其数量，规划截流现场的场地布置，选择起重、运输设备；在截流时，能预先估计不同龙口宽度的截流参数，何时何处应抛投何种尺寸或重量的截流材料及其方量等。

在截流过程中，上游来水量，也就是截流设计流量，将分别经由龙口、分水建筑物及戗堤的渗漏下泄，并有一部分拦蓄在水库中。截流过程中，若库容不大，拦蓄在水库中的水量可以忽略不计。对于立堵截流，作为安全因素，也可忽略经由戗堤渗漏的水量。这样截流时的水量平衡方程为：

$$Q_0 = Q_1 + Q_2 \qquad (1-4)$$

式中，Q_0——截流设计流量，m^3/s；

Q_1——分水建筑物的泄流量，m^3/s；

Q_2——龙口的下泄流量，可按宽顶堰计算，m^3/s。

随着截流戗堤的进占，龙口逐渐被束窄，因此经分水建筑物和龙口的泄流量是变化的，但二者之和恒等于截流设计流量。其变化规律是：截流开始时，大部分截流设计流量经由龙口泄流，随着截流戗堤的进占，龙口断面不断缩小，上游水位不断上升，经由龙口的泄流量越来越小，而经由分水建筑物的泄流量则越来越大。龙口合龙闭气以后，截流设计流量全部经由分水建筑物泄流。

为了方便计算，可采用图解法。图解时，先绘制上游水位 H_u 与分水建筑物泄流量 Q_l 的关系曲线和上游水位与不同龙口宽度 B 的泄流量关系曲线。在绘制曲线时，下游水位视为常量，可根据截流设计流量由下游水位流量关系曲线上查得。这样，在同一上游水位情况下，当分水建筑物泄流量与某宽度龙口泄流量之和为 Q_0 时，即可分别得到 Q_1 和 Q_2。

根据图解法可同时求得不同龙口宽度时上游水位 H_u 和 Q_1、Q_2 值，由此再通过水力学计算即可求得截流过程中龙口诸水力参数的变化规律。

在截流中，合理地选择截流材料的尺寸或重量，对于截流的成败和截流费用的节省具有很大意义。截流材料的尺寸或重量取决于龙口的流速。

立堵法截流时截流材料抵抗水流冲动的流速，按下式估算：

$$v = k\sqrt{2g\frac{\gamma_1 - \gamma}{\gamma}D} \qquad (1-5)$$

式中，v——水流流速，m/s；

k——稳定系数；

g——重力加速度，m/s^2；

γ_1——石块容重，t/m^3；

γ——水容重，t/m^3；

D——石块折算成球体的化引直径，m。

平堵截流水力计算的方法，与立堵相类似。

应该指出，平堵、立堵截流的水力条件非常复杂，尤其是立堵截流，上述计算只能作为初步依据。在大、中型水利水电工程中，截流工程必须进行模型试验。但模型试验时对抛投体的稳定也只能做出定性分析，还不能满足定量要求。故在试验的基础上，还必须考虑类似工程的截流经验，作为修改截流设计的依据。

第三节 围堰工程

一、围堰工程的分类

按使用材料分：土石围堰、混凝土围堰、钢板桩围堰、木笼围堰及草土围堰等；

按与水流的相对位置分：横向围堰（与河流水流方向大致垂直）和纵向围堰（与河流水流方向大致平行）；

按与坝轴线的相对位置分：上游围堰和下游围堰；

按导流期间是否允许过水分：过水围堰和不过水围堰；

按施工期分：一期围堰、二期围堰等；

按受力条件分：重力式、拱式等；

按防渗结构分：心墙、斜墙、斜心墙等。

二、围堰的基本特点及基本要求

（一）围堰的基本特点

围堰作为临时性建筑物，除应满足一般挡水建筑物的基本要求外，还具有自身的特点：

1. 施工期短，一般要求在一个枯水期内完成，并在当年汛期挡水；
2. 一般须进行水下施工，而水下作业质量往往不容易保证；
3. 完成挡水任务后，围堰常常需要拆除，尤其是下游围堰。

（二）围堰的基本要求

1. 具有足够的稳定性、防渗性、抗冲性和强度；
2. 造价便宜构造简单，修建、维护和拆除方便；
3. 围堰的布置应力求使水流平顺，不发生严重的局部冲刷；
4. 围堰的接头和岸边连接要安全可靠；
5. 必要时应设置抵抗冰凌、航筏冲击和破坏的设施。

三、常用的围堰形式及适用条件

（一）土石围堰

结构简单，可就地取材，充分利用开挖弃料，既可机械化施工，又可人工填筑；既便于快速施工，又易于拆除，并可在任何地基上修建。所以，土石围堰是用得最广泛的一种围堰形式。但其断面尺寸较大，抗冲能力差，一般用于横向围堰。在宽阔河床中，如果有可靠的防冲措施，也可用作纵向围堰。例如，葛洲坝工程一期纵向土石围堰，用混凝土护坡、抛石护脚，并设两道挑流矶头，抗冲流速达 7m/s，经 6 年洪水考验，情况良好。土石围堰一般不允许过水；堰面采取保护措施后，也常用作过水围堰，如上犹江、拓溪、大化等工程的土石过水围堰，单宽流量达到 40m³/s。

土石围堰根据防渗体不同又有多种形式，如心墙式、斜墙式、心墙加上游铺盖、防渗墙式等。

（二）混凝土围堰

具有抗冲能力大，防渗性能好，断面尺寸小，易于同永久性建筑物结合，并允许过水等优点，因此虽然造价较高，国内外仍广泛使用。混凝土围堰一般要求修建在岩基上，并同基岩良好连接。在枯水期基岩出露的河滩上修建纵向围堰，较易满足上述要求。我国纵向围堰多采用混凝土，并常与永久导墙相结合，如三门峡、丹江口、潘家口等工程。

（三）钢板桩格型围堰

断面尺寸小，抗冲能力强，可以修建在岩基上或非岩基上，堰顶浇筑混凝土盖板后也可以用作过水围堰。修建时可进行干地施工或水下施工，钢板桩的回收率可达 70% 以上，故在国外得到广泛使用。我国葛洲坝工程采用了圆筒形钢板桩格型围堰作为纵向围堰的一部分。

（四）竹笼围堰

在我国南方盛产毛竹地区，竹笼围堰是充分利用当地材料的形式之一，如果采用铅丝笼填石代替竹笼也是同一种类型。竹笼的使用年限，一般为 1~2 年，竹材经防腐处理后可达 2~4 年。竹笼围堰允许过水，对岩基或软弱地基均能适用。它的断面尺寸较小，具有一定的抗冲能力，可用于纵向围堰，也可用于横向围堰。但竹笼填石施工不易机械化，一般须人工施工。采用竹笼围堰的工程有富春江等。

（五）木笼围堰

木笼围堰具有断面尺寸小、抗冲能力强、施工速度快等优点。堰顶加混凝土盖板后可以过水。因此，用作纵向围堰具有明显的优越性。我国采用木笼围堰或木笼土石混合围堰的工程有新安江、建溪、西津等。但它的木材耗量大，木材较难回收和重复使用。在当前木材短缺的情况下，使用范围受到限制。如果用预制钢筋混凝土构件代替木笼，也是同一类型。

（六）草土围堰

草土围堰是我国劳动人民长期同洪水斗争的智慧结晶之一。早在1761年前，已在宁夏引黄灌区渠口工程上应用，至今黄河流域的堵口工程中仍普遍采用。在西北地区的水利水电工程中广为应用，例如青铜峡、盐锅峡、石泉、安康等工程。草土围堰施工简单，速度快，造价低，便于修建和拆除，并具有一定的抗冲防渗能力，对基础沉陷变形适应性好，可用于软基或岩基。用作纵向围堰或横向围堰，但堰顶不能过水。一般使用年限为1~2年。

四、围堰的平面布置

围堰的平面布置是一个很重要的问题，如果平面布置不当，维护基坑的面积过大，会增加排水设备容量；过小则会妨碍主体工程施工，影响工期；更有甚者，会造成水流宣泄不畅，冲刷围堰及其基础，影响主体工程安全施工。围堰的平面布置一般应按导流方案、主体工程轮廓和具体工程要求而定。

围堰的平面布置主要包括围堰外形轮廓布置和确定堰内基坑范围两个问题。外形轮廓不仅与导流泄水建筑物的布置有关，而且取决于围堰种类、地质条件以及对防冲措施的考虑。堰内基坑范围大小主要取决于主体工程的轮廓和相应的施工方法。当采用全段围堰法导流时，围堰基坑是由上、下游围堰和河床两岸围成的。当采用分期导流时，围堰基坑是由纵向围堰与上下游横向围堰围成的。在上述两种情况下，上下游横向围堰的布置，都取决于主体工程的轮廓。通常基坑坡趾距离主体工程轮廓的距离，不应小于20~30m，以便布置排水设施、交通运输道路、堆放材料和模板等，至于基坑开挖边坡的大小，则与地质条件有关。

采用分段围堰法导流时，上、下游横向围堰一般不与河床中心线垂直，而多布置成梯形，以保证水流顺畅，同时也便于运输道路的布置和衔接。采用全段围堰法导流时，为了减少工程量，其横向围堰多与主河道垂直。

五、围堰堰顶高程的确定

围堰堰顶高程的确定，不仅取决于导流设计流量和导流建筑物的形式、尺寸、平面布置、高程和糙率等，还要考虑到河流的综合利用和主体工程的工期等因素。

下游围堰的堰顶高程，由河床水位-流量关系曲线，查得通过导流设计流量时的水位，然后加上安全超高，即可得到下游围堰的堰顶高程，见式（1-6）：

$$H_F = h_d + \delta \qquad\qquad (1-6)$$

式中，H_F ——下游围堰堰顶高程，m；

h_d ——下游水面高程，m；

δ ——安全超高，m，可由规范查得。

上游围堰堰顶高程：

$$H_t = h_d + Z + \delta \qquad\qquad (1-7)$$

式中，H_t ——上游围堰堰顶高程，m；

Z ——上下游水位差，m；

其余符号意义同前。

围堰拦蓄一部分水流时，堰顶高程应通过调洪演算来确定。纵向围堰的堰顶高程，要与束窄河床中宣泄导流设计流量时的水面线相适应，其上下游端部分别与上下游横向围堰同高，所以其顶面常常做成倾斜状。

六、围堰的拆除

围堰是临时建筑物，导流任务完成以后，应按设计要求进行拆除，以免影响永久建筑物的施工及运行。采用分段围堰法导流时，如果一期上下游横向围堰拆除不合要求，势必增加上、下游水位差，增加截流材料的重量及数量，从而增加截流的难度和费用。如果下游围堰拆除不到位，会抬高尾水位，影响水轮机的利用水头，降低水轮机的出力，造成不必要的损失。

围堰的拆除工作量较大，因此尽可能在施工期最后一次汛期过后，在上下游水位下降时，就从围堰的背水坡开始分层拆除，但必须保证依次拆除后所残留围堰断面能满足继续挡水和稳定要求，以免发生安全事故，使基坑过早淹没，影响施工。

土石围堰一般可用挖土机械或爆破法拆除。草土围堰水上部分可人工分层拆除，水下部分可在堰体开挖缺口，使其过水冲毁或用爆破法拆除。钢板桩围堰的拆除，首先要用抓斗或吸石器将填料清除，然后用拔桩机拔出钢板。混凝土围堰的拆除，一般只能用爆破法拆除，但必须做好爆破设计，使墙体建筑物或其他设施不受爆破危害。

第四节 施工排水

一、基坑排水的分类

基坑排水工作按排水时间及性质，一般可分为：①基坑开挖前的初期排水，包括基坑积水、基坑积水排除过程中围堰及基坑的渗水和降水的排除；②基坑开挖及建筑物施工过程中的经常性排水，包括围堰和基坑的渗水、降水、地基岩石冲洗及混凝土养护用废水的排除等。

二、初期排水

（一）排水流量的确定

排水流量包括基坑积水、围堰堰身和地基及岸坡渗水、围堰接头漏水、降雨汇水等。对于混凝土围堰，堰身可视为不透水，除基坑积水外，只计算基础渗水量；对于木笼、竹笼等围堰，如施工质量较好，渗水量也很小；但如施工质量较差时，则漏水较大，须区别对待。围堰接头漏水的情况也是如此。降雨汇水计算标准可同经常性排水。初期排水总抽水量为上述诸项之和，其中应包括围堰堰体水下部分及覆盖层地基的含水。积水的计算水位，根据截流程序不同而异。当先截上游围堰时，基坑水位可近似地用截流时的下游水位；当先截下游围堰时，基坑水位可近似采用截流时的上游水位。过水围堰基坑水位应根据退水闸的泄水条件确定。当无退水闸时，抽水的起始水位可近似地按下游堰顶高程计算。

排水时间主要受基坑水位下降速度的限制。基坑水位允许下降速度视围堰形式、地基特性及基坑内水深而定。水位下降太快，则围堰或基坑边坡中动水压力变化过大，容易引起塌坡；下降太慢，则影响基坑开挖时间。一般下降速度限制在 0.5～1.5m/d 以内，对土石围堰取下限，混凝土围堰取上限。

排水时间的确定，应考虑基坑工期的紧迫程度、基坑水位允许下降速度、各期抽水设备及相应用电负荷的均匀性等因素，进行比较后选定。

排水量的计算：根据围堰形式计算堰身及地基渗流量，得出基坑内外水位差与渗流量的关系曲线；然后根据基坑允许下降速度，考虑不同高程的基坑面积后计算出基坑排水强度曲线。将上述两条曲线叠加后，便可求得初期排水的强度曲线，其中最大值为初期排水的计算强度。根据基坑允许下降速度，确定初期排水时间。以不同基坑水位的抽水强度乘上相应的区间排水时间之总和，便得初期排水总量。

还可以根据下式来初步估算排水量：

$$Q = \frac{(2 \sim 3)V}{T} \qquad (1-8)$$

式中 Q ——初期排水流量，m^3/s；

V ——基坑的积水体积，m^3；

T ——初期排水的时间，s。

试抽法。在实际施工中，制订措施计划时，还常用试抽法来确定设备容量。试抽时有以下三种情况：

1. 水位下降很快，表明原选用设备容量过大，应关闭部分设备，使水位下降速度符合设计规定。

2. 水位不下降，此时有两种可能性，基坑有较大漏水通道或抽水容量过小。应查明漏水部位并及时堵漏，或加大抽水容量再行试抽。

3. 水位下降至某一深度后不再下降。此时表明排水量与渗水量相等，须增大抽水容量并检查渗漏情况，进行堵漏。

（二）排水泵站的布置

泵站的设置应尽量做到扬程低、管路短、少迁移、基础牢、便于管理、施工干扰少，并尽可能使排水和施工用水相结合。

初期排水布置视基坑积水深度不同，有固定式抽水站和移（浮）动式抽水站两种。由于水泵的允许吸出高度在 5m 左右，因此当基坑水深在 5m 以内时，可采用固定式抽水站，此时常设在下游围堰的内坡附近。当抽水强度很大时，可在上、下游围堰附近分设两个以上抽水站。当基坑水深大于 5m 时，则以采用移（浮）动式抽水站为宜。此时水泵可布置在沿斜坡的滑道上，利用绞车操纵其上、下移动；或布置在浮动船、筏上，随基坑水位上升和下降，避免水泵在抽水中多次移动，影响抽水效率和增加不必要的抽水设备。

三、经常性排水

（一）排水系统的布置

排水系统的布置通常应考虑两种不同的情况：一是基坑开挖过程中的排水系统布置；二是基坑开挖完成后建筑物施工过程的排水系统布置。在具体布置时，最好能结合起来考虑，并使排水系统尽可能不影响施工。

1. 基坑开挖过程中的排水系统

应以不妨碍开挖和运输工作为原则。根据土方分层开挖的要求，分次降低地下水位，通过不断降低排水沟高程，使每一开挖土层呈干燥状态。一般常将排水干沟布置在基坑中部，以利两侧出土。随着基坑开挖工作的进展，逐渐加深排水干沟和支沟，通常保持干沟深度为 1.0~1.5m，支沟深度为 0.3~0.5m。集水井布置在建筑物轮廓线的外侧，集水井应低于干沟的沟底。

有时基坑的开挖深度不一，即基坑底部不在同一高程，这时应根据基坑开挖的具体情况布置排水系统。有的工程采用层层截流、分级抽水的方式，即在不同高程上布置截水沟、集水井和水泵，进行分级排水。

2. 修建建筑物时的排水系统

该阶段排水的目的是控制水位低于基坑底部高程，保证施工在干地条件下进行。修建建筑物时的排水系统通常都布置在基坑的四周，排水沟应布置在建筑物轮廓线的外侧，距基坑边坡坡脚不小于 0.3~0.5m，排水沟的断面和底坡，取决于排水量的大小。一般排水沟底宽不小于 0.3m，沟深不大于 1.0m，底坡不小于 2‰。在密实土层中，排水沟可以不用支撑，但在松土层中，则需要木板支撑。

水经排水沟流入集水井，在井边设置水泵站，将水从集水井中抽出。集水井布置在建筑物轮廓线以外较低的地方，它与建筑物外缘的距离必须大于井的深度。井的容积至少要保证水泵停工 10~15min，由排水沟流入集水井中的水量不致使集水井漫溢。

为防止降雨时因地面径流进入基坑而增排水量甚至淹没基坑影响正常施工，往往在基坑外缘挖设排水沟或截水沟，以拦截地面水。排水沟或截水沟的断面尺寸及底坡应根据流量和土质确定，一般沟宽和沟深不小于 0.5m，底坡不小于 2‰，基坑外地面排水最好与道路排水系统结合，便于采用自流排水。

（二）排水量的估算

经常性排水包括围堰和基坑的渗水、排水过程中的降水、施工弃水等。

1. 渗水

主要计算围堰堰身和基坑地基渗水两部分，应按围堰工作过程中可能出现的最大渗透水头来计算，最大渗水量还应考虑围堰接头漏水及岸坡渗流水量等。

2. 降水汇水

取最大渗透水头出现时段中日最大降雨强度进行计算，要求在当日排干。当基坑有一定的集水面积时，须修建排水沟或截水墙，将附近山坡形成的地表径流引向基坑以外。当基坑范围内有较大集水面积的溪沟时还须有相应的导流措施，以防暴雨径流淹没基坑。

施工用水包括混凝土养护用水、冲洗用水（凿毛冲洗、模板冲洗和地基冲洗等）、冷却用水、土石坝的碾压和冲洗用水及施工机械用水等。加水量应根据气温条件、施工强度、混凝土浇筑层厚度、结构形式等确定。混凝土养护用弃水，可近似地以每方混凝土每次用水 5L、每天养护 8 次计算，但降水和施工弃水不得叠加。

四、人工降低地下水位

在经常性排水过程中，为保证基坑开挖工作始终在干地进行，常常要多次降低排水沟和集水井的高程，变换水泵站的位置，影响开挖工作的正常进行。此外，在开挖细沙土、沙壤土一类地基时，随着基坑底面的下降，坑底与地下水位的高差越来越大，在地下水渗透压力作用下，容易产生边坡坍塌、坑底隆起等事故，对开挖带来不利影响。采用人工降低地下水位就可避免上述问题的发生。

人工降低地下水位的方法按排水工作原理来分有管井法和井点法两种。

（一）管井法降低地下水位

管井法降低地下水位时，在基坑周围布置一系列管井，管井中放入水泵的吸水管，地下水在重力作用下流入井中，被水泵抽走。

管井法降低地下水位时，须先设管井，管井通常由下沉钢井管组成，在缺乏钢管时也可用预制混凝土管代替。

井管的下部安装水管节（滤头），有时在井管外还须设置反滤层，地下水从滤水管进入井管中，水中的泥沙则沉淀在管中。

井管通常用射水法下沉，当土层中夹有硬黏土、岩石时，须配合钻机钻孔。射水下沉时，先用高压水冲土，下沉套管，较深时可配合振动或锤击，然后在套管中插入井管，最后在套管与井管的间隙中间填反滤层和拔套管。

管井中可应用各种抽水设备，但主要是离心式水泵、深井水泵或潜水泵。

（二）井点法降低地下水位

井点法和管井法不同，它把井管和水泵的吸水管合二为一，简化了井的构造，便于施工。

井点法降低地下水位的设备，根据其降深能力分轻型井点（浅井点）和深井点等。

1. 轻型井点

轻型井点是由井管、集水总管、普通离心式水泵、真空泵和集水箱等设备组成的一个排水系统。

轻型井点井管直径为 38~50mm，间距为 0.6~1.8m，最大可到 3.0m，地下水从井管下端的滤水管借真空泵和水泵的作用流入管内，沿井管上升汇入集水总管，经集水箱，由水泵抽出。

井点系统排水时，地下水位的下降深度，取决于集水箱的真空度与管路的漏气和水头损失。一般集水箱内真空度为 53~80kPa（约为 400~600mmHg），相应的吸水高度 5~8m，扣去各种损失后，地下水位的下降深度约为 4~5m。当要求地下水位降低的深度超过 4~5m 时，可以像井管一样分层布置井点，每层控制 3~4m，但以不超过 3 层为宜。

2. 深井点

深井点与轻型井点不同，它的每一根井管上都装有扬水器（水力扬水器或压气扬水器），因此它不受吸水高度的限制，有较大的降深能力。深井点有喷射井点和压气扬水井点两种。

（1）喷射井点

喷射井点由集水池、高压水泵、输水干管和喷射井管等组成。喷射井点排水的过程是：扬程为 6×10^5~6×10^6Pa（6~10 个大气压）的高压水泵将高压水压入内管与外管间的环形空间，经进水孔由喷嘴以 10~50m/s 高速喷出，由此产生负压，使地下水经滤管吸入内管，在混合室中与高速的工作水混合，经喉管和扩散管以后，流速水头转变为压力水头，将水压到地面的集水池中。

高压水泵从集水池中抽水作为工作水，而池中多余的水则任其流走或用低压水泵抽走。通常一台高压水泵能为 30~35 个井点服务，其最适宜的降低水位范围为 5~18m。喷射井点的排水效率不高，一般用于渗透系数为 3~50m/d，渗流量不大的场合。

（2）压气扬水井点

压气扬水井点是用压气扬水器进行排水。排水时压缩空气由输气管送来，由喷气装置进入扬水管，于是，管内容重较轻的水气混合液，在管外压力的作用下，沿扬水管上升到地面排走。为了达到一定的扬水高度，就必须将扬水管沉入井中足够的潜没深度，使扬水管内外有足够的压力差。

压气扬水井点降低地下水最大可达 40m。

（3）电渗井

在渗透系数小于 0.1m/d 的黏土或淤泥中降低地下水位时，比较有效的方法是电渗井点排水。

电渗井点排水时，沿基坑四周布置两列正负电极。正极通常用金属管做成，负极就是井点的排水井，在土中通过电流以后，地下水将从金属管（正极）向井点（负极）移动集中，然后再由井点系统的水泵抽走。电流由直流发电机提供。

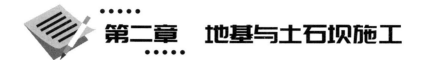

第二章 地基与土石坝施工

第一节 基坑开挖

一、坑壁不加支撑的基坑

对于在干涸无水河滩、河沟中，或有水经改河或筑堤能排除地表水的河沟中；在地下水位低于基底，或渗透量小，不影响坑壁稳定的；以及基础埋置不深，施工期较短，挖基坑时，不影响邻近建筑物安全的施工场所，可考虑选用坑壁不加支撑的基坑。

黏性土在半干硬或硬塑状态，基坑顶缘无活荷载，稍松土质基坑深度不超过 0.5m，中等密实（锹挖）土质基坑深度不超过 1.25m，密实（镐挖）土质基坑深度不超过 2.00m 时，均可采用垂直坑壁基坑。基坑深度在 5m 以内，土的湿度正常时，采用斜坡坑壁开挖或按坡度比值挖成阶梯形坑壁，每梯高度为 0.5～1.0m 为宜，可作为人工运土出坑的台阶。

基坑深度大于 5m 时，可将坑壁坡度放缓，或加平台。当土壤湿度较大，坑壁可能引起坍塌时，坡度应采用该温度时土的天然坡度。当基坑的上层土质适合敞口斜坡坑壁条件，下层土质为密实黏性土或岩石时，可用垂直坑壁开挖。在坑壁坡度变换处，应保留有至少 0.5m 的平台；挖基经过不同土层时，边坡可分层而异，并视情况留平台；山坡上开挖基坑，如地质不良，除放缓坡度外，应采取防止滑坍的措施。

进行无水基坑施工时，对于工程量不大的基坑，可以人力施工；而对于大、中基础工程，基坑深，基坑平面尺寸较大，挖方量多的，可用机械或半机械施工方法。

二、基坑施工过程中的注意事项

1. 在基坑顶缘四周适当距离处设置截水沟，并防止水沟渗水，以避免地表水冲刷坑壁，影响坑壁稳定性。

2. 坑壁边缘应留有护道，静荷载距坑边缘不少于 0.5m，动荷载距坑边缘不少于 1.0m；垂直坑壁边缘的护道还应适当增宽；水文地质条件欠佳时应有加固措施。

3. 应经常注意观察坑边缘顶面土有无裂缝、坑壁有无松散塌落现象等发生，以确保安全施工。基坑施工不可延续时间过长。自开挖至基础完成，应抓紧时间连续施工，如用机械开挖基坑，挖至坑底时，应保留不少于 30cm 的厚度，在基础浇筑圬工前，用人工挖至基底标高。

4. 坑壁有支撑的施工，按土质情况不同，可一次挖成或分段开挖，每次开挖深度不宜超过 2m。对于稳定性较好的土层，渗水量较小，当开挖直径约为 10m、深度在 10m 以内的圆形基坑时，可采用混凝土护壁基坑。

三、水中基础的基坑开挖

水中基础常常位于地表水位以下，有时流速还比较大，施工时总希望在无水或静水的条件下进行。水中基础最常用的方法是围堰法。围堰的作用主要是防水和围水，有时还起着支撑基坑坑壁的作用。

围堰的结构形式和材料要根据水深、流速、地质情况、基础形式以及通航要求等条件进行选择。但不论何种形式和材料的围堰，均必须满足下列要求：

第一，围堰顶高宜高出施工期间最高水位 70cm，最低不应低于 50cm，用于防御地下水的围堰宜高出水位或地面 20~40cm。

第二，围堰外形应适应水流排泄，大小不应压缩流水断面过多，以免蓄水过高危害围堰安全以及影响通航、导流等。围堰内形应适应基础施工的要求。堰身断面尺寸应保证有足够的强度和稳定性，从而使基坑开挖后，围堰不致发生破裂、滑动或倾覆。

第三，应尽量采取措施防止或减少渗漏，以减轻排水工作。对围堰外围边坡的冲刷和筑围堰后引起河床的冲刷均应有防护措施。

第四，围堰施工一般应安排在枯水期进行。

（一）土围堰

土围堰最好是用在水浅、流速不大、河床土层为不透水的情况下。土围堰可用任意土料筑成，但以黏土或砂类黏土较好。土堰的断面一般为梯形。当流速大于 0.7m/s 时，为保证堰堤不被冲刷蚕食和减少围堰工程量，可用草（麻）袋盛土码砌堰堤边坡，称为草（麻）袋围堰；草（麻）袋内装填松散黏性土，一般装至袋容量的 60% 为宜，袋口用麻线或细铁丝缝合；堆码在水中的土袋，可用带钩的杆子钩送就位，土袋上下层和内外层应相互错缝，尽量堆码密实整齐；可能时由潜水工配合堆码，整理坡脚。

（二）木笼围堰或竹笼围堰

在岩层裸露的河底不能打桩，或流速较大而水深在 1.5~7m 的情况下，可采用木

（竹）笼围堰。木（竹）笼围堰是用方木、圆木或竹叠成框架，内填土石构成的。此种围堰体积较大，须用木（竹）材料甚多，只宜在盛产木（竹）地区使用。经过改进的木笼围堰称为木笼架围堰，减少了木料用量；在木笼架就位后，再抛填片石，然后在外侧设置板桩墙；木笼架围堰的抗滑动和抗倾覆稳定性，可按两侧无土的情况来验算。把木笼当作一个整体，当堰内排水后，木笼就受到外侧水压力的作用，其稳定性完全依赖于自重与其中填土重（均须扣除浮力）以及产生的摩阻力作用。通常，只要宽度不小于高度的 0.6 倍，围堰的稳定性就可以得到保证。

（三）钢板桩围堰

钢板桩本身强度大，防水性能好，打入土层时穿透能力强，不但能穿过砾石、卵石层，也能切入软岩层内。因此，钢板桩的适用范围相当广。10~30m 深的围堰，用钢板桩是适当的。

钢板桩是碾压成型的，断面形式多种多样。我国常用的是德国拉森（Larssen）式槽型钢板桩。钢板桩的成品长度有几种规格（可查阅施工规范或手册），最大为 20m，还可根据需要接长。板桩之间用锁口形式连接。锁口既能加强连接，又能防渗，还可进行适当的转动以适应弧形围堰的需要。矩形围堰可使用特制的角桩。

插打钢板桩时必须备有可靠的导向设备，以保证钢板桩的垂直沉入。一般先将全部钢板桩逐根或逐组插打到稳定深度，然后依次打入至设计深度；插打的顺序按施工组织设计进行，一般自上游分两头插向下游合拢；插打前在锁口内应涂以黄油、锯末等混合物，组拼桩时，用油灰和棉花捻缝，以防漏水；钢板桩顶达到设计标高时的平面位置偏差，在水上打桩时不得大于 20cm，在陆地打桩时不得大于 10cm；在插打过程中，应随时检查其平面位置是否正确，桩身是否垂直，发现倾斜应立即纠正或拔起重插。

当水深较大时，常用围囹（以钢或钢木构成的框架）作为钢板桩的定位和支撑。即先在岸上或驳船上拼装围囹，运至墩位定位后，在围囹内插打定位桩，把围囹固定在定位桩上，然后在围囹四周的导框内插打钢板桩。在深水处修筑围堰，为了保证围堰不渗水或尽可能少渗水，可采用双层钢板桩围堰，或采用钢管式钢板桩围堰。

在施工完毕后，可用千斤顶、浮式起重机及双动汽锤倒打等方法将钢板桩拔出。拔除前应向围堰内灌水，使堰内水位高于堰外水位 1.0~1.5m。拔桩时从下游附近易于拔除的一根或一组钢板桩开始，并先锤击几次或射水稍予松动后再上拔。

（四）套箱围堰

套箱围堰适用于埋置不深的水中基础，也可用作修建桩基承台。套箱系用木板、钢板或水泥制成的无底围堰，内部设木、钢料支撑。根据工地起吊、运输能力和现场情况，套箱可制成整体式或装配式套箱的接缝必须采取防止渗漏的措施。下沉套箱前，应清除河床表面障碍物，随着套箱下沉逐步清除河床土层直至设计标高；基底为岩层时，应整平基岩；如果岩面倾斜，可根据潜水员的探测资料，将套箱底部做成与岩面相同的倾斜度，以增加套箱的稳定性并减少渗漏；待套箱下沉完毕后，可采用吹沙吸泥或静水挖抓沙泥的方法进行水下清基，经过检验即可灌注水下混凝土封底，最后抽干套箱内存水，浇筑墩台。

用套箱法修建承台底面为土质的桩基承台时，宜在基桩沉入完毕后，整平河底，下沉套箱，清除桩顶覆盖土至设计高度，然后灌注水下混凝土封底、抽水、建筑承台。若承台底面在水中时，宜将套箱固定在基桩、支架或吊船上，再安装套箱底板，然后在套箱内灌注水下混凝土封底、抽水、建筑承台。上海黄浦江大桥（公铁两用桥）的水中桥墩就是采用钢套箱围堰施工的。

四、基坑排水

基坑坑底一般多位于地下水位以下，而地下水会经常渗进坑内，因此必须设法把坑内的水排出，以便利施工。要排出坑内渗水，首先要估算涌水量，方能选用适当的排水设备。例如，某桥墩基础采用木笼围堰，围堰面积约 1 000m²，设置五台抽水机。

基础施工中常用的基坑排水方法有：

（一）集水坑排水法

除严重流沙外，一般情况下均可适用。集水坑（沟）的大小，主要根据渗水量的大小而定；排水沟底宽不小于0.3m、纵坡为1%～5%。如排水时间较长或土质较差时，沟壁可用木板或荆笆支撑防护。集水坑一般设在下游位置，坑深应大于进水龙头高度，并用荆笆、竹篾、编筐或木笼围护，以防止泥沙阻塞吸水龙头。

（二）井点排水法

当土质较差有严重流沙现象，地下水位较高，挖基较深，坑壁用井点法降低土层中地下水位时，应尽可能将滤水管埋设在透水性较好的土层中。并应在水位降低的范围内，设置水位观测孔；对整个井点系统应加强维修和检查，以保证不间断地进行抽水；还应考虑到水位降低区域构筑物受其影响而可能产生的沉降、为此要做好沉降观测，必要时应采取防护措施。

当土质不易稳定，用普通排水方法难以解决时，可采用井点排水法。井点排水法适用于渗透系数为0.5～150m/d的土壤中，尤其在2～50m/d的土壤中效果最好。降水深度一般可达 4~6m，二级井点可达 6~9m，超过 9m 时应选用喷射井点或深井点法。具体可视土层的渗透系数，以此来要求降低地下水位的深度及工程特点等，选择适宜的井点排水法和所需设备。

井点排水法因需要设备较多，施工布置较复杂，费用较大，应在进行技术经济比较后采用。

（三）其他排水法

对于土质渗透较大、挖掘较深的基坑可采用板桩法或沉井法。此外，视现场条件、工程特点及工期等，还可采用帷幕法，即将基坑周围土层用硅化法、水泥灌浆法、沥青灌浆法以及冻结法等处理成封闭的不透水的帷幕。这种方法除自然冻结法外，其余均因设备多、费用大，较少采用。

五、基底检验处理及基础圬工砌筑

（一）基底检验

基础是隐蔽工程。基坑施工是否符合设计要求，在基础砌筑前，应按规定进行检验，检验的目的在于，确定地基的容许承载力是否符合设计要求；确定是否能保证墩台稳定，不致发生滑动；确定基坑位置与标高是否与设计文件相符。

基底检验的主要内容应包括：检查基底平面位置、尺寸大小、基底标高；检查基底土质均匀性、地基稳定性及承载力等；检查基底处理和排水情况；检查施工日志及有关试验资料等。按照相关要求，基底平面周线位置允许偏差不得大于 20cm，基底标高不得超过 +5cm（土质）、+5cm~−20cm（石质）。

基底检验主要是直观检验，确认基底性质与地质情况是否与设计条件相符，必要时可进行试验。如果验收符合设计条件，可签发"墩台基坑检查证"，经监理组确认后由施工单位保存作为竣工交验资料。如地基检验不合格，则应对地基进行加固或变更设计。基坑未经监理组确认，一律不得建筑基础。

（二）基底处理

天然地基上的基础是直接靠基底土壤来承担荷载的，故基底土壤状态的好坏，对基础、墩台及上部结构的影响极大，不能仅检查土壤名称与容许承载力大小，还应为土壤更有效地承担荷载创造条件，即要进行基底处理工作。

1. 岩层

未风化的岩层基底，应清除岩面碎石、石块、淤泥、苔藓等；风化的岩层基底，开挖基坑尺寸要少留或不留富余量。灌筑基础坞工时，同时将坑底填满。封闭岩层的岩层倾斜时，应将岩面凿平或凿成台阶，使承重面与重力线垂直，以免滑动；砌筑前，岩层表面用水冲洗干净。

2. 碎石及砂类土壤

承重面应修理平整夯实，砌筑前铺一层 2cm 厚的浓稠水泥砂浆。

3. 黏土层

铲平坑底时，不能扰动土壤天然结构，不得用土回填；必要时，加砌一层 10cm 厚的夯填碎石，碎石面不得高出基底设计标高。基坑挖完处理后，应在最短期间砌筑基础，防止暴露过久变质。

4. 湿陷性黄土

基底必须有防水措施，根据土质条件，使用重锤夯实、换填、挤密桩等措施，进行加固，改善土层性质；基础回填不得使用砂、砾石等透水土壤，应用原土加夯封闭。

5. 软土层

基底软土小于 2m 时，可将软土层全部挖除，换以中砂、粗砂、砾石、碎石等力学性质较好的填料，分层夯实软土层；深度较大时，应布置砂桩（或砂井）穿过软土层，上层铺砂垫层。

6. 冻土层

冻土基础开挖宜用天然或人工冻结法施工，并应保持基底冻层不融化；基底设计标高以下，铺设一层 10~30cm 的粗砂或 10cm 的冷混凝土垫层，作为隔热层。

7. 溶洞

暴露的溶洞应用浆砌片石、混凝土，或填砂、砾石填充后，压水泥浆充实加固；检查有无隐蔽溶洞，在一定深度内钻孔检查；有较深的溶洞时，也可做钢筋混凝土盖板或梁跨越，亦可改变跨径避开。

8. 泉眼

插入钢管或做木井，引出泉水使与坞工隔离，以后用水下混凝土填实；在坑底凿成暗沟，上放盖板，将水引出至基础以外的汇水并抽出，坞工硬化后，停止抽水。

（三）基础坞工砌筑

在基坑中砌筑基础坞工，可分为无水砌筑、排水砌筑及水下灌筑三种情况。基础坞工用料应在挖基完成前准备好，以保证能及时砌筑基础，避免基底土壤变质。

排水砌筑的施工要点是：确保在无水状态下砌筑坞工；禁止带水作业及用混凝土将水赶出模板外的灌注方法；基础边缘部分应严密隔水；水下部分坞工必须使水泥砂浆或混凝土终凝后才允许浸水。

水下灌筑混凝土一般只有在排水困难时才采用。基础坞工的水下灌筑分为水下封底和水下直接灌筑基础两种。前者封底后仍要排水再砌筑基础，封底只是起封闭渗水的作用，其混凝土只作为地基而不作为基础本身。它适用于板桩围堰开挖的基坑。

1. 水下封底混凝土的厚度

封底之后，要从基坑内排干水。这时基底面上受到向上作用的水压力 P_w。封底混凝土在 P_w 作用下，如周边有支承的板，其最小厚度应能保证混凝土板有足够的强度。同时，板桩同封底混凝土组成一个浮筒。在封底混凝土的隔离体上作用着的外力有底面处的浮力、自重，因为水下封底混凝土的质量不易控制，故封底厚度不能完全按公式计算决定，还应参照实际经验；为满足防渗漏的要求，封底混凝土的最小厚度一般为 2m 左右。

2. 水下混凝土的灌注方法

混凝土经导管输送至坑底，并迅速将导管下端埋没。随后混凝土不断地输送到被埋没的导管下端，从而迫使先前输送到的但尚未凝结的混凝土向上和四周推移。随着基底混凝土的上升，导管亦缓慢地向上提升，直至达到要求的封底厚度时，则停止灌入混凝土，并拔出导管。当封底面积较大时，宜用多根导管同时或逐根灌注，按先低处后高处、先周围后中部的次序，并保持大致相同的标高进行，以保证使混凝土充满基底的全部范围；导管的根数及其在平面上的布置，可根据封底面积、障碍物情况、导管作用半径等因素确定。

导管的有效作用半径则因混凝土的坍落度大小和导管下口超压力大小而异。

对于大体积的封底混凝土，可分层分段逐次灌注。对于强度要求不高的围堰封底水下混凝土，也可以一次由一端逐渐灌注到另一端。

在正常情况下，所灌注的水下混凝土仅其表面与水接触，其他部分的灌注状态与空气中灌注无异，从而保证了水下混凝土的质量。至于与水接触的表层混凝土，可在排干水而露于外时予以凿除。

采用导管法灌注水下混凝土要注意以下几个问题：

（1）导管应试拼装，球塞应试验通过。施工时严格按试拼的位置安装。导管试拼后，应封闭两端，充水加压，检查导管有无漏水现象。导管各节的长度不宜过大，连接可靠而且要便于装拆，以保证拆卸时，中断灌注时间最短。

（2）为使混凝土有良好的流动性，粗骨料粒径以 2～4cm 为宜。坍落度应不小于

18cm，一般倾向于用大一些的。水泥用量比空气中同等级的混凝土增加 20%。

（3）必须保证灌注工作的连续性，在任何情况下不得使灌注工作中断。在灌注过程中，应经常测量混凝土表面的标高，正确掌握导管的提升量。导管下端务必埋入混凝土内，埋入深度一般不应小于 0.5m。

（4）水下混凝土的流动半径，要综合考虑到对混凝土质量的要求、水头的大小、灌注面积的大小、基底有无障碍物以及混凝土拌和机的生产能力等因素来决定。通常，流动半径在 3~4m 范围内是能够保证封底混凝土的表面不会有较大的高差，并具有可靠的防水性，只要处理得当，就可以保证封底混凝土的防水性能。

六、地基加固

当水工建筑所在位置的土层为压缩性大、强度低的软土层时，除可采用桩基、沉井等深基础外，也可视具体情况不同采用相应的加固处理措施，以提高其承载能力，然后在其上修筑扩大基础，以求获得缩短工期、节省投资的经济效果。对于一般软弱地基土层加固的处理方法，可归纳为三种类型：

1. 换填土法：将基础下软弱土层全部或部分挖除，换填力学物理性质较好的土；

2. 挤密土法：用重锤夯实或砂桩、石灰桩、砂井等方法，使软弱土层挤压密实或排水固结；

3. 胶结土法：用化学浆液灌入或粉体喷射搅拌等方法，使土壤颗粒胶结硬化。

实际工程中可根据软土层的厚度和物理力学性质、要求的承载能力大小、施工期限、施工机具和材料供应等因素，就地取材、因地制宜地予以选用。

第二节 地基处理

一、岩基处理方法

若岩基处于严重风化或破碎状态，首先考虑清除至新鲜的岩基为止。若风化层或破碎带很厚，无法清除彻底时，则考虑采用灌浆的方法加固岩层和截止渗流。对于防渗，有时从结构上进行处理，设截水墙和排水系统。

灌浆方法是钻孔灌浆（在地基上钻孔，用压力把浆液通过钻孔压入风化或破碎的岩基内部）。待浆液胶结或固结后，就能达到防渗或加固的目的。最常用的灌浆材料是水泥。当岩石裂隙多、空洞大，吸浆量很大时，为了节省水泥，降低工程造价，改善浆液性能，常加砂或其他材料；当裂隙细微，水泥浆难以灌入，基础的防渗不能达到设计要求或者有大的集中渗流时，可采用化学材料灌浆的方法处理。化学灌浆是一种以高分子有机化合物为主体材料的新型灌浆方法。这种浆材呈溶液状态，能灌入 0.1mm 以下的微细裂缝，浆液经过一定时间起化学作用，可将裂缝黏合起来或形成凝胶，起到堵水防渗以及补强的作用。

除了上述灌浆材料外，还有热柏油灌浆、黏土灌浆等，但是由于本身存在一些缺陷致使其应用受到一定限制。

（一）基岩灌浆的分类

水工建筑物的岩基灌浆按其作用，可分为固结灌浆、帷幕灌浆和接触灌浆。灌浆技术不仅大量运用于建筑物的基岩处理，而且也是进行水工隧洞围岩固结、衬砌回填、超前支护，混凝土坝体接缝以及建（构）筑物补强、堵漏等方面的主要措施。

1. 帷幕灌浆

布置在靠近建筑物上游迎水面的基岩内，形成一道连续的平行建筑物轴线的防渗幕墙。其目的是减少基岩的渗流量，降低基岩的渗透压力，保证基础的渗透稳定。帷幕灌浆的深度主要由作用水头及地质条件等确定，较之固结灌浆要深得多，有些工程的帷幕深度超过百米。在施工中，通常采用单孔灌浆，所使用的灌浆压力比较大。

帷幕灌浆一般安排在水库蓄水前完成，这样有利于保证灌浆的质量。由于帷幕灌浆的工程量较大，与坝体施工在时间安排上有矛盾，所以通常安排在坝体基础灌浆廊道内进行。这样既可实现坝体上升与基岩灌浆同步进行，也为灌浆施工具备了一定厚度的混凝土压重，有利于提高灌浆压力、保证灌浆质量。

2. 固结灌浆

其目的是提高基岩的整体性与强度，并降低基础的透水性。当基岩地质条件较好时，一般可在坝基上、下游应力较大的部位布置固结灌浆孔；在地质条件较差而坝体较高的情况下，则需要对坝基进行全面的固结灌浆，甚至在坝基以外上、下游一定范围内也要进行固结灌浆。灌浆孔的深度一般为 5~8m，也有深达 15~40m 的，各孔在平面上呈网格交错布置。通常采用群孔冲洗和群孔灌浆。

固结灌浆宜在一定厚度的坝体基层混凝土上进行，这样可以防止基岩表面冒浆，并采用较大的灌浆压力，提高灌浆效果，同时也兼顾坝体与基岩的接触灌浆。如果基岩比较坚硬、完整，为了加快施工速度，也可直接在基岩表面进行无混凝土压重的固结灌浆。在基层混凝土上进行钻孔灌浆，必须在相应部位混凝土的强度达到 50% 设计强度后，方可开始。或者先在岩基上钻孔，预埋灌浆管，待混凝土浇筑到一定厚度后再灌浆。同一地段的基岩灌浆必须按先固结灌浆后帷幕灌浆的顺序进行。

3. 接触灌浆

其目的是加强坝体混凝土与坝基或岸肩之间的结合能力，提高坝体的抗滑稳定性。一般是通过混凝土钻孔压浆或预先在接触面上埋设灌浆盒及相应的管道系统，也可结合固结灌浆进行。

接触灌浆应安排在坝体混凝土达到稳定温度以后进行，以利于防止混凝土收缩产生拉裂。

（二）灌浆的材料

岩基灌浆的浆液，一般应该满足如下要求：

1. 浆液在受灌的岩层中应具有良好的可灌性，即在一定的压力下，能灌入裂隙、空隙或孔洞中，充填密实；

2. 浆液硬化成结石后，应具有良好的防渗性能、必要的强度和黏结力；

3. 为便于施工和增大浆液的扩散范围，浆液应具有良好的流动性；

4. 浆液应具有较好的稳定性，吸水率低。

基岩灌浆以水泥灌浆最普遍。灌入基岩的水泥浆液，由水泥与水按一定配比制成，水泥浆液呈悬浮状态。水泥灌浆具有灌浆效果可靠，灌浆设备与工艺比较简单，材料成本低廉等优点。

水泥浆液所采用的水泥品种，应根据灌浆目的和环境水的侵蚀作用等因素确定。一般情况下，可采用标号不低于 C45 的普通硅酸盐水泥或硅酸盐大坝水泥，如有耐酸等要求时，选用抗硫酸盐水泥。矿渣水泥与火山灰质硅酸盐水泥由于其吸水快、稳定性差、早期强度低等缺点，一般不宜使用。

水泥颗粒的细度对于灌浆的效果有较大影响。水泥颗粒越细，越能够灌入细微的裂隙中，水泥的水化作用也越完全。帷幕灌浆对水泥细度的要求为通过 $80\mu m$ 方孔筛的筛余量不大于 5%。灌浆用的水泥要符合质量标准，不得使用过期、结块或细度不合要求的水泥。

对于岩体裂隙宽度小于 $200\mu m$ 的地层，普通水泥制成的浆液一般难以灌入。为了提高水泥浆液的可灌性，自 20 世纪 80 年代以来，许多国家陆续研制出各类超细水泥，并在工程中得到广泛采用。超细水泥颗粒的平均粒径约 $4\mu m$，比表面积 $8\,000cm^2/g$，它不仅具有良好的可灌性，同时在结石体强度、环保及价格等方面都具有很大优势，特别适合细微裂隙基岩的灌浆。

在水泥浆液中掺入一些外加剂（如速凝剂、减水剂、早强剂及稳定剂等），可以调节或改善水泥浆液的一些性能，满足工程对浆液的特定要求，提高灌浆效果。外加剂的种类及掺入量应通过试验确定。

在水泥浆液里掺入黏土、砂、粉煤灰，制成水泥黏土浆、水泥砂浆、水泥粉煤灰浆等，可用于注入量大、对结石强度要求不高的基岩灌浆。这主要是为了节省水泥、降低材料成本。砂砾石地基的灌浆主要是采用此类浆液。

当遇到一些特殊的地质条件如断层、破碎带、细微裂隙等，采用普通水泥浆液难以达到工程要求时，也可采用化学灌浆，即灌注以环氧树脂、聚氨酯、甲凝等高分子材料为基材制成的浆液。其材料成本比较高，灌浆工艺比较复杂。在基岩处理中，化学灌浆仅起辅助作用，一般是先进行水泥灌浆，再在其基础上进行化学灌浆，这样既可提高灌浆质量，也比较经济。

（三）水泥灌浆的施工

在基岩处理施工前一般须进行现场灌浆试验。通过试验，可以了解基岩的可灌性、确定合理的施工程序与工艺、提供科学的灌浆参数等，为进行灌浆设计与施工准备提供主要依据。

基岩灌浆施工中的主要工序包括钻孔、钻孔（裂隙）冲洗、压水试验、灌浆、回填封孔等工作。

1. 钻孔

钻孔质量要求：

（1）确保孔位、孔深、孔向符合设计要求。钻孔的方向与深度是保证帷幕灌浆质量的关键。如果钻孔方向有偏斜，钻孔深度达不到要求，则通过各钻孔所灌注的浆液，不能连成一体，将形成漏水通路。

（2）力求孔径上下均一、孔壁平顺。孔径均一、孔壁平顺，则灌浆栓塞能够卡紧卡牢，灌浆时不致于产生绕塞返浆。

（3）钻进过程中产生的岩粉细屑较少。钻进过程中如果产生过多的岩粉细屑，容易堵塞孔壁的缝隙，影响灌浆质量，同时也影响工人的作业环境。

根据岩石的硬度完整性和可钻性的不同，分别采用硬质合金钻头、钻粒钻头和金刚钻头。6~7级以下的岩石多用硬质合金钻头；7级以上用钻粒钻头；石质坚硬且较完整的用金刚石钻头。

帷幕灌浆的钻孔宜采用回转式钻机和金刚石钻头或硬质合金钻头，其钻进效率较高，不受孔深、孔向、孔径和岩石硬度的限制，还可钻取岩芯。钻孔的孔径一般在 75~91mm。固结灌浆则可采用各式合适的钻机与钻头。

孔向的控制相对较困难，特别是钻设斜孔，掌握钻孔方向更加困难。在工程实践中，按钻孔深度不同规定了钻孔偏斜的允许值，见表 2-1。当深度大于 60m 时，则允许的偏差不应超过钻孔的间距。钻孔结束后，应对孔深、孔斜和孔底残留物等进行检查，不符合要求的应采取补救处理措施。

表 2-1　钻孔孔底最大允许偏差值

钻孔深度/m	20	30	40	50	60
允许偏差	0.25	0.50	0.80	1.15	1.50

钻孔顺序。为了有利于浆液的扩散和提高浆液结合的密实性，在确定钻孔顺序时应和灌浆次序密切配合。一般是当一批钻孔钻进完毕后，随即进行灌浆。钻孔次序则以逐渐加密钻孔数和缩小孔距为原则。对排孔的钻孔顺序，先下游排孔，后上游排孔，最后中间排孔。对统一排孔而言，一般 2~4 次序钻施工，逐渐加密。

2. 钻孔冲洗

钻孔后，要进行钻孔及岩石裂隙的冲洗。冲洗工作通常分为：①钻孔冲洗，将残存在钻孔底和黏滞在孔壁的岩粉铁屑等冲洗出来；②岩层裂隙冲洗，将岩层裂隙中的充填物冲洗出孔外，以便为浆液进入腾出空间，使浆液结石与基岩胶结成整体。在断层、破碎带和细微裂隙等复杂地层中灌浆，冲洗的质量对灌浆效果影响极大。

一般采用灌浆泵将水压入孔内循环管路进行冲洗。将冲洗管插入孔内，用阻塞器将孔口堵紧，用压力水冲洗。也可采用压力水和压缩空气轮换冲洗或压力水和压缩空气混合冲洗的方法。

岩层裂隙冲洗方法分为单孔冲洗和群孔冲洗两种。在岩层比较完整，裂隙比较少的地方，可采用单孔冲洗。冲洗方法有高压压水冲洗、高压脉动冲洗和扬水冲洗等。

当节理裂隙比较发育且在钻孔之间互相串通的地层中，可采用群孔冲洗。将两个或两个以上的钻孔组成一个孔组，轮换地向一个孔或几个孔压进压力水或压力水混合压缩空气，从另外的孔排出污水，这样反复交替冲洗，直到各个孔出水洁净为止。

群孔冲洗时，沿孔深方向冲洗段的划分不宜过长，否则冲洗段内钻孔通过的裂隙条数增多，这样不仅分散冲洗压力和冲洗水量，并且一旦有部分裂隙冲通以后，水量将相对集中在这几条裂隙中流动，使其他裂隙得不到有效的冲洗。

为了提高冲洗效果，有时可在冲洗液中加入适量的化学剂，如碳酸钠、氢氧化钠或碳酸氢钠等，以利于促进泥质充填物的溶解。加入化学剂的品种和掺量，宜通过试验确定。

采用高压水或高压水气冲洗时，要注意观测，防止冲洗范围内岩层的抬动和变形。

3. 压水试验

在冲洗完成并开始灌浆施工前，一般要对灌浆地层进行压水试验。压水试验的主要目的是：测定地层的渗透特性，为基岩的灌浆施工提供基本技术资料。压水试验也是检查地层灌浆实际效果的主要方法。

压水试验的原理：在一定的水头压力下，通过钻孔将水压入孔壁四周的缝隙中，根据压入的水量和压水的时间，计算出代表岩层渗透特性的技术参数。一般可采用透水率来表示岩层的渗透特性。所谓透水率，是指在单位时间内，通过单位长度试验孔段，在单位压力作用下所压入的水量。

4. 灌浆的方法与工艺

为了确保岩基灌浆的质量，必须注意以下问题：

（1）钻孔灌浆的次序

基岩的钻孔与灌浆应遵循分序加密的原则进行。一方面可以提高浆液结石的密实性；另一方面，通过后灌序孔透水率和单位吸浆量的分析，可推断先灌序孔的灌浆效果，同时还有利于减少相邻孔串浆现象。

（2）注浆方式

按照灌浆时浆液灌注和流动的特点，灌浆方式有纯压式和循环式两种。对于帷幕灌浆，应优先采用循环式。

纯压式灌浆，就是一次将浆液压入钻孔，并扩散到岩层裂隙中。灌注过程中，浆液从灌浆机向钻孔流动，不再返回；这种灌注方式设备简单，操作方便，但浆液流动速度较慢，容易沉淀，造成管路与岩层缝隙的堵塞，影响浆液扩散。纯压式灌浆多用于吸浆量大，有大裂隙存在，孔深不超过 12~15m 的情况。

循环式灌浆，灌浆机把浆液压入钻孔后，浆液一部分被压入岩层缝隙中，另一部分由回浆管返回拌浆筒中。这种方法一方面可使浆液保持流动状态，减少浆液沉淀；另一方面可根据进浆和回浆浆液比重的差别，了解岩层吸收情况，并作为判定灌浆结束的条件。

（3）钻灌方法

按照同一钻孔内的钻灌顺序，有全孔一次钻灌和全孔分段钻灌两种方法。全孔一次钻灌系将灌浆孔一次钻到全深，并沿全孔进行灌浆。这种方法施工简便，多用于孔深不超过6m、地质条件良好、基岩比较完整的情况。

全孔分段钻灌又分为自上而下法、自下而上法、综合灌浆法及孔口封闭法等。

①自上而下分段钻灌法。其施工顺序是：钻一段，灌一段，待凝一定时间以后，再钻

灌下一段，钻孔和灌浆交替进行，直到设计深度。其优点是：随着段深的增加，可以逐段增加灌浆压力，借以提高灌浆质量；由于上部岩层经过灌浆，形成结石，下部岩层灌浆时，不易产生岩层抬动和地面冒浆等现象；分段钻灌，分段进行压水试验，压水试验的成果比较准确，有利于分析灌浆效果，估算灌浆材料的需用量。但缺点是钻灌一段以后，要待凝一定时间，才能钻灌下一段，钻孔与灌浆须交替进行，设备搬移频繁，影响施工进度。

②自下而上分段钻灌法。一次将孔钻到全深，然后自下而上逐段灌浆，这种方法的优缺点与自上而下分段灌浆刚好相反。一般多用在岩层比较完整或基岩上部已有足够压重而不致引起地面抬动的情况。

③综合钻灌法。在实际工程中，通常是接近地表的岩层比较破碎，越往下岩层越完整。因此，在进行深孔灌浆时，可以兼取以上两种方法的优点，上部孔段采用自上而下法钻灌，下部孔段则采用自下而上法钻灌。

④孔口封闭灌浆法。其要点是：先在孔口筑铸不小于 2m 的孔口管，以便安设孔口封闭器；采用小孔径的钻孔，自上而下逐段钻孔与灌浆；上段灌后不必待凝，进行下段的钻灌，如此循环，直至终孔；可以多次重复灌浆，可以使用较高的灌浆压力。其优点是：工艺简便、成本低、效率高、灌浆效果好。其缺点是：当灌注时间较长时，容易造成灌浆管被水泥浆凝住的现象。

一般情况下，灌浆孔段的长度多控制在 5~6m。如果地质条件好，岩层比较完整，段长可适当放长，但也不宜超过 10m；在岩层破碎、裂隙发育的部位，段长应适当缩短，可取 3~4m；而在破碎带、大裂隙等漏水严重的地段以及坝体与基岩的接触面，应单独分段进行处理。

（4）灌浆压力

灌浆压力通常是指作用在灌浆段中部的压力，灌浆压力是控制灌浆质量、提高灌浆经济效益的重要因素。确定灌浆压力的原则是：在不致破坏基础和建筑物的前提下，尽可能采用比较高的压力。高压灌浆可以使浆液更好地压入细小缝隙内，增大浆液扩散半径，析出多余的水分，提高灌注材料的密实度。灌浆压力的大小与孔深、岩层性质、有无压重以及灌浆质量要求等有关，可参考类似工程的灌浆资料，特别是现场灌浆试验成果确定，并且在具体的灌浆施工中结合现场条件进行调整。

（5）灌浆压力的控制

在灌浆过程中，合理地控制灌浆压力和浆液稠度，是提高灌浆质量的重要保证。灌浆过程中灌浆压力的控制基本上有两种类型，即一次升压法和分级升压法。

①一次升压法。灌浆开始后，一次将压力升高到预定的压力，并在这个压力作用下，

灌注由稀到浓的浆液。当每一级浓度的浆液注入量和灌注时间达到一定限度以后，就变换浆液配比，逐级加浓。随着浆液浓度的增加，裂隙将被逐渐充填，浆液注入率将逐渐减少，当达到结束标准时，就结束灌浆。这种方法适用于透水性不大，裂隙不甚发育，岩层比较坚硬完整的地方。

②分级升压法。是将整个灌浆压力分为几个阶段，逐级升压直到预定的压力。开始时，从最低一级压力起灌，当浆液注入率减少到规定的下限时，将压力升高一级，如此逐级升压，直到预定的灌浆压力。

（6）浆液稠度的控制

灌浆过程中，必须根据灌浆压力或吸浆率的变化情况，适时调整浆液的稠度，使岩层的大小缝隙既能灌饱，又不浪费。浆液稠度的变换按先稀后浓的原则控制，这是由于稀浆的流动性较好，宽细裂隙都能进浆，使细小裂隙先灌饱，而后随着浆液稠度逐渐变浓，其他较宽的裂隙也能逐步得到良好的充填。

（7）灌浆的结束条件与封孔

灌浆的结束条件，一般用两个指标来控制，一个是残余吸浆量，又称最终吸浆量，即灌到最后的限定吸浆量；另一个是闭浆时间，即在残余吸浆量不变的情况下保持设计规定压力的延续时间。

帷幕灌浆时，在设计规定的压力之下，灌浆孔段的浆液注入率小于 0.4L/min 时，再延续灌注 60min（自上而下法）或 30min（自下而上法）；或浆液注入率不大于 1.0L/min 时，继续灌注 90min 或 60min，就可结束灌浆。

对于固结灌浆，其结束标准是浆液注入率不大于 0.4L/min，延续时间 30min，灌浆可以结束。

灌浆结束以后，应随即将灌浆孔清理干净。对于帷幕灌浆孔，宜采用浓浆灌浆法填实，再用水泥砂浆封孔；对于固结灌浆，孔深小于 10m 时，可采用机械压浆法进行回填封孔，即通过深入孔底的灌浆管压入浓水泥浆或砂浆，顶出孔内积水，随浆面的上升，缓慢提升灌浆管。当孔深大于 10m 时，其封孔与帷幕孔相同。

5. 灌浆的质量检查

基岩灌浆属于隐蔽性工程，必须加强灌浆质量的控制与检查。为此，一方面，要认真做好灌浆施工的原始记录，严格灌浆施工的工艺控制，防止违规操作；另一方面，要在一个灌浆区灌浆结束以后，进行专门性的质量检查，做出科学的灌浆质量评定。基岩灌浆的质量检查结果，是整个工程验收的重要依据。

灌浆质量检查的方法很多，常用的有：在已灌地区钻设检查孔，通过压水试验和浆液注入率试验进行检查；通过检查孔，钻取岩芯进行检查，或进行钻孔照相和孔内电视，观察孔壁的灌浆质量；开挖平洞、竖井或钻设大口径钻孔，检查人员直接进去观察检查，并在其中进行抗剪强度、弹性模量等方面的试验；利用地球物理勘探技术，测定基岩的弹性模量、弹性波速等，对比这些参数在灌浆前后的变化，借以判断灌浆的质量和效果。

（四）化学灌浆

化学灌浆是在水泥灌浆基础上发展起来的新型灌浆方法。它是将有机高分子材料配制成的浆液灌入地基或建筑物的裂缝中经胶凝固化后，达到防渗、堵漏、补强、加固的目的。

它主要用于裂隙与空隙细小（0.1mm以下），颗粒材料不能灌入；对基础的防渗或强度有较高要求；渗透水流的速度较大，其他灌浆材料不能封堵等情况。

1．化学灌浆的特性

化学灌浆材料有很多品种，每种材料都有其特殊的性能，按灌浆的目的可分为防渗堵漏和补强加固两大类。属于防渗堵漏的有水玻璃、丙凝类、聚氨酯类等，属于补强加固的有环氧树脂类、甲凝类等。化学浆液有以下特性：

（1）化学浆液的黏度低，有的接近水，有的比水还小。其流动性好，可灌性高，可以灌入水泥浆液灌不进去的细微裂隙中。

（2）化学浆液的聚合时间可以比较准确地控制，从几秒到几十分钟，有利于机动灵活地进行施工控制。

（3）化学浆液聚合后的聚合体，渗透系数很小，一般为 $10^{-6} \sim 10^{-5}$ cm/s，防渗效果好。

（4）有些化学浆液聚合体本身的强度及黏结强度比较高，可承受高水头。

（5）化学灌浆材料聚合体的稳定性和耐久性均较好，能抗酸、碱及微生物的侵蚀。

（6）化学灌浆材料都有一定毒性，在配制、施工过程中要十分注意防护，并切实防止对环境的污染。

2．化学灌浆的施工

由于化学材料配制的浆液为真溶液，不存在粒状灌浆材料所存在的沉淀问题，故化学灌浆都采用纯压式灌浆。

化学灌浆的钻孔和清洗工艺及技术要求，与水泥灌浆基本相同，也遵循分序加密的原则进行钻孔灌浆。

化学灌浆的方法，按浆液的混合方式区分，有单液法灌浆和双液法灌浆。一次配制成的浆液或两种浆液组分在泵送灌注前先行混合的灌浆方法称为单液法。两种浆液组分在泵送后才混合的灌浆方法称为双液法。前者施工相对简单，在工程中使用较多。为了保持连续供浆，现在多采用电动式比例泵提供压送浆液的动力。比例泵是专用的化学灌浆设备，由两个出浆量能够任意调整，可实现按设计比例压浆的活塞泵所构成。对于小型工程和个别补强加固的部位，也可采用手压泵。

二、砂砾石地基处理

（一）砂砾石地基灌浆

1. 砂砾石地基的可灌性

砂砾石地基的可灌性是指砂砾石地基能否接受灌浆材料灌入的一种特性，是决定灌浆效果的先决条件。其主要取决于地层的颗粒级配、灌浆材料的细度、灌浆压力和灌浆工艺等。

$$M = \frac{D_{15}}{d_{85}} \tag{2-1}$$

式中，M——可灌比；

D_{15}——砂砾石地层颗粒级配曲线上含量为 15% 的粒径，mm；

d_{85}——灌浆材料颗粒级配曲线上含量为 85% 的粒径，mm。

可灌比 M 越大，接受颗粒灌浆材料的可灌性越好。一般 $M = 10 \sim 15$ 时，可以灌注水泥黏土浆；当 $M \geqslant 15$ 时，可以灌水泥浆。

2. 灌浆材料

多用水泥黏土浆液。一般水泥和黏土的比例为 1:1~1:4，水和干料的比例为 1:1~1:6。

3. 钻灌方法

砂砾石地基的钻孔灌浆方法有：①打管灌浆；②套管灌浆；③循环钻灌；④预埋花管灌浆等。

（1）打管灌浆

打管灌浆就是将带有灌浆花管的厚壁无缝钢管，直接打入受灌地层中，并利用它进行灌浆。其程序是：先将钢管打入到设计深度，再用压力水将管内冲洗干净，然后用灌浆泵灌浆，或利用浆液自重进行自流灌浆。灌完一段以后，将钢管起拔一个灌浆段高度，再进行冲洗和灌浆，如此自下而上，拔一段灌一段，直到结束。

这种方法设备简单，操作方便，适用于砂砾石层较浅、结构松散、颗粒不大、容易打管和起拔的场合。用这种方法所灌成的帷幕，防渗性能较差，多用于临时性工程（如围堰）。

（2）套管灌浆

套管灌浆的施工程序是一边钻孔，一边跟着下护壁套管。或者，一边打设护壁套管，一边冲淘管内的砂砾石，直到套管下到设计深度。然后将钻孔冲洗干净，下入灌浆管，起拔套管到第一灌浆段顶部，安好止浆塞，对第一段进行灌浆。如此自下而上，逐段提升灌浆管和套管，逐段灌浆，直到结束。

采用这种方法灌浆，由于有套管护壁，不会产生第二段灌浆坍孔埋钻等事故。但是，在灌浆过程中，浆液容易沿着套管外壁向上流动，甚至产生地表冒浆。如果灌浆时间较长，则又会胶结套管，造成起拔的困难。

（3）循环钻灌

循环钻灌是一种自上而下，钻一段灌一段，钻孔与灌浆循环进行的施工方法。钻孔时用黏土浆或最稀一级水泥黏土浆固壁。钻孔长度，也就是灌浆段的长度，视孔壁稳定和砂砾石层渗漏程度而定，容易坍孔和渗漏严重的地层，分段短一些，反之则长一些，一般为1~2m。灌浆时可利用钻杆做灌浆管。

用这种方法灌浆，做好孔口封闭，是防止地面抬动和地表冒浆提高灌浆质量的有效措施。

（4）预埋花管灌浆

预埋花管灌浆的施工程序：用回转式钻机或冲击钻钻孔，跟着下护壁套管，一次直达孔的全深；钻孔结束后，立即进行清孔，清除孔壁残留的石渣；再套管内安设花管，花管的直径一般为73~108mm，沿管长每隔33~50cm钻一排3~4个射浆孔，孔径1cm，射浆孔外面用橡皮箍紧。花管底部要封闭严密牢固，安设花管要垂直对中，不能偏在套管的一侧。在花管与套管之间灌注填料，边下填料边起拔套管，连续灌注，直到全孔填满套管拔出为止。填料待凝10d左右，达到一定强度，严密牢固地将花管与孔壁之间的环形圈封闭起来。在花管中下入双栓灌浆塞，灌浆塞的出浆孔要对准花管上准备灌浆的射浆孔。然后用清水或稀浆逐渐升压，压开花管上的橡皮圈，压穿填料，形成通路，为浆液进入砂砾石层创造条件，称为开环。开环以后，继续用稀浆或清水灌注5~10min，再开始灌浆。每排射浆孔就是一个灌浆段。灌完一段，移动双栓灌浆塞，使其出浆孔对准另一排射浆孔，进行另一灌浆段的开环灌浆。由于双栓灌浆塞的构造特点，可以在任一灌浆段进行开环灌浆，必要时还可以进行复灌，比较机动灵活。

用预埋花管法灌浆，由于有填料阻止浆液沿孔壁和管壁上升，很少发生冒浆、串浆现象，灌浆压力可相对提高，灌浆比较机动，可以重复灌浆，灌浆质量较有保证。国内外比较重要的砂砾石层灌浆，多采用这种方法，其缺点是花管被填料胶结以后，不能起拔，耗用管材较多。

（二）水泥土搅拌桩

近几年，在处理淤泥、淤泥质土、粉土、粉质黏土等软弱地基时，经常采用深层搅拌桩进行复合地基加固处理。深层搅拌是利用水泥类浆液与原土通过叶片强制搅拌形成墙体的技术。

1. 技术特点

多头小直径深层搅拌桩机的问世，使防渗墙的施工厚度变为8~45cm，在江苏、湖北、江西、山东、福建等省广泛应用并已取得很好的社会效益。该技术使各副钻孔搭接形成墙体，使排柱式水泥土地下墙的连续性、均匀性都有大幅度的提高。从现场检测结果看：墙体搭接均匀、连续整齐、美观、墙体垂直偏差小，满足搭接要求。该工法适用于黏土、粉质黏土、淤泥质土以及密实度中等以下的砂层，且施工进度和质量不受地下水位的影响。从浆液搅拌混合后形成"复合土"的物理性质分析，这种复合土属于"柔性"物质。从防渗墙的开挖过程中还可以看到，防渗墙与原地基土无明显的分界面，即"复合土"与周边土胶结良好。因而，目前防洪堤的垂直防渗处理，在墙身不大于18m的条件下优先选用深层搅拌桩水泥土防渗墙。

2. 防渗性能

防渗墙的功能是截渗或增加渗径，防止堤身和堤基的渗透破坏。影响水泥搅拌桩渗透性的因素主要有流体本身的性质、水泥搅拌土的密度、封闭气泡和孔隙的大小及分布。因此，从施工工艺上看，防渗墙的完整性和连续性是关键，当墙厚不小于20cm时，成墙28d后渗透系数$K<10^{-6}$cm/s，抗压强度$R>0.5$MPa。

3. 复合地基

当水泥土搅拌桩用来加固地基，形成复合地基用以提高地基承载力时，应符合以下规定：

（1）竖向承载搅拌桩的长度应根据上部结构对承载力和变形的要求确定，并应穿透软弱土层到达承载力相对较高的土层；设置的搅拌桩同时为提高抗滑稳定性时，其桩长应超过危险滑弧2.0m以上。干法的加固深度不宜大于15m；湿法及型钢水泥土搅拌墙（桩）的加固深度应考虑机械性能的限制。单头、双头加固深度不宜大于20m，多头及型钢水泥土搅拌墙（桩）的深度不宜超过35m。

（2）竖向承载力水泥土搅拌桩复合地基的承载力特征值应通过现场单桩或多桩复合地

基荷载试验确定。初步设计时也可按《建筑地基处理技术规范》（JGJ 79—2012）的相关公式进行估算。

（3）竖向承载搅拌桩复合地基中的桩长超过 10m 时，可采用变掺量设计。在全桩水泥总掺量不变的前提下，桩身上部 1/3 桩长范围内可适当增加水泥掺量及搅拌次数；桩身下部 1/3 桩长范围内可适当减少水泥掺量。

（4）竖向承载搅拌桩的平面布置可根据上部结构特点及对地基承载力和变形的要求，采用柱状、壁状、格栅状或块状等加固形式。桩只可在刚性基础平面范围内布置，独立基础下的桩数不宜少于 3 根。柔性基础应通过验算在基础内、外布桩。柱状加固可采用正方形、等边三角形等布桩形式。

（三）高压喷射灌浆

高压喷射灌浆是利用钻机造孔，然后将带有特制合金喷嘴的灌浆管下到地层预定位置，以高压把浆液或水、气高速喷射到周围地层，对地层介质产生冲切、搅拌和挤压等作用，同时被浆液置换、充填和混合，待浆液凝固后，就在地层中形成一定形状的凝结体。高压喷射灌浆是利用旋喷机具造成旋喷桩以提高地基的承载能力，也可以做联锁桩施工或定向喷射成连续墙用于防渗。可适用于砂土、黏性土、淤泥等地基的加固，对砂卵石（最大粒径小于 20cm）的防渗也有较好的效果。

通过各孔凝结体的连接，形成板式或墙式的结构，不仅可以提高基础的承载力，而且成为一种有效的防渗体。由于高压喷射灌浆具有对地层条件适用性广、浆液可控性好、施工简单等优点，近年来在国内外都得到了广泛应用。

1. 技术特点

高压喷射灌浆防渗加固技术适用于软弱土层，包括第四纪冲积层、洪积层、残积层以及人工填土等。实践证明，对砂类土、黏性土、黄土和淤泥等土层，效果较好。对粒径过大和含量过多的砾卵石以及有大量纤维质的腐殖土地层，一般应通过现场试验确定施工方法，对含有粒径 2~20cm 的砂砾石地层，在强力的升扬置换作用下，仍可实现浆液包裹作用。

高压喷射灌浆不仅在黏性土层、砂层中可用，在砂砾卵石层中也可用。经过多年的研究和工程试验证明，只要控制措施和工艺参数选择得当，在各种松散地层均可采用。以烟台市夹河地下水库工程为例，采用高喷灌浆技术的半圆相向对喷和双排摆喷菱形结构的新的施工方案，成功地在夹河卵砾石层中构筑了地下水库截渗坝工程。

该技术可灌性、可控性好，具有接头连接可靠、平面布置灵活、适应地层广、深度较大、对施工场地要求不高等特点。

2．高压喷射灌浆作用

高压喷射灌浆的浆液以水泥浆为主，其压力一般在 10~30MPa，它对地层的作用和机理有如下几个方面：

（1）冲切掺搅作用。高压喷射流通过对原地层介质的冲击、切割和强烈扰动，使浆液扩散充填地层，并与土石颗粒掺混搅和，硬化后形成凝结体，从而改变原地层结构和组分，达到防渗加固的目的。

（2）升扬置换作用。随高压喷射流喷出的压缩空气，不仅对射流的能量有维持作用，而且造成孔内空气扬水的效果，使冲击切割下来的地层细颗粒和碎屑升扬至孔口，空余部分由浆液代替，起到了置换作用。

（3）挤压渗透作用。高压喷射流的强度随射流距离的增加而衰减，至末端虽不能冲切地层，但对地层仍能产生挤压作用；同时，喷射后的静压浆液对地层还产生渗透凝结层，有利于进一步提高抗渗性能。

（4）位移握裹作用。对于地层中的小块石，由于喷射能量大，以及升扬置换作用，浆液可填满块石四周空隙，并将其握裹；对大块石或块石集中区，如降低提升速度，提高喷射能量，可以使块石产生位移，浆液便深入到空（孔）隙中去。

总之，在高压喷射、挤压、余压渗透以及浆气升串的综合作用下，产生握裹凝结作用，从而形成连续和密实的凝结体。

3．防渗性能

在高压喷射流的作用下切割土层，被切割下来的土体与浆液搅拌混合，进而固结，形成防渗板墙。不同地层及施工方式形成的防渗体结构体的渗透系数稍有差别，一般说来其渗透系数小于 10^{-7}cm/s。

4．高压喷射凝结体

（1）凝结体的形式

凝结体的形式与高压喷射方式有关。常见有三种：喷嘴喷射时，边旋转边垂直提升，简称旋喷，可形成圆柱形凝结体；喷嘴的喷射方向固定，则称定喷，可形成板状凝结体；喷嘴喷射时，边提升边摆动，简称摆喷，形成哑铃状或扇形凝结体。

为了保证高压喷射防渗板（墙）的连续性与完整性，必须使各单孔凝结体在其有效范围内相互可靠连接，这与设计的结构布置形式及孔距有很大关系。

（2）高压喷射灌浆的施工方法

目前，高压喷射灌浆的基本方法有单管法、二管法、三管法及多管法等几种，它们各有特点，应根据工程要求和地层条件选用。

①单管法。采用高压灌浆泵以大于 2.0MPa 的高压将浆液从喷嘴喷出，冲击、切割周围地层，并产生搅和、充填作用，硬化后形成凝结体。该方法施工简易，但有效范围小。

②双管法。有两个管道，分别将浆液和压缩空气直接射入地层，浆压达 45~50MPa，气压 1~1.5MPa。由于射浆具有足够的射流强度和比能，易于将地层加压密实。这种方法工效高，效果好，尤其适合处理地下水丰富、含大粒径块石及孔隙率大的地层。

③三管法。用水管、气管和浆管组成喷射杆，水、气的喷嘴在上，浆液的喷嘴在下。随着喷射杆的旋转和提升，先有高压水和气的射流冲击扰动地层，再以低压注入浓浆进行掺混搅拌。常用参数为：水压 38~40MPa，气压 0.6~0.8MPa，浆压 0.3~0.5MPa。

如果将浆液也改为高压（浆压达 20~30MPa）喷射，浆液可对地层进行二次切割、充填，其作用范围就更大。

④多管法。其喷管包含输送水、气、浆管、泥浆排出管和探头导向管。采用超高压水射流（40MPa）切削地层，所形成的泥浆由管道排出，用探头测出地层中形成的空间，最后由浆液、砂浆、砾石等置换充填。多管法可在地层中形成直径较大的柱状凝结体。

5. 施工程序与工艺

高压喷射灌浆的施工程序主要有造孔、下喷射管、喷射提升（旋转或摆动）、最后成桩或墙。

（1）造孔

在软弱透水的地层进行造孔，应采用泥浆固壁或跟管（套管法）的方法确保成孔。造孔机具有回转式钻机、冲击式钻机等。目前用得较多的是立轴式液压回转钻机。

为保证钻孔质量，孔位偏差应不大于 1~2cm，孔斜率小于 1%。

（2）下喷射管

用泥浆固壁的钻孔，可以将喷射管直接下入孔内，直到孔底。用跟管钻进的孔，可在拔管前向套管内注入密度大的塑性泥浆，边拔边注，并保持液面与孔口齐平，直至套管拔出，再将喷射管下到孔底。

将喷嘴对准设计的喷射方向，不偏斜，是确保喷射灌浆成墙的关键。

（3）喷射灌浆

根据设计的喷射方法与技术要求，将水、气、浆送入喷射管，喷射 1~3min，待注入的浆液冒出后，按预定的速度自上而下边喷射边转动、摆动，逐渐提升到设计高度。

进行高压喷射灌浆的设备由造孔、供水、供气、供浆和喷灌等五大系统组成。

（4）施工要点

①管路、旋转活接头和喷嘴必须拧紧，达到安全密封；高压水泥浆液、高压水和压缩空气各管路系统均应不堵不漏不串。设备系统安装后，必须经过运行试验，试验压力达到工作压力的 1.5~2.0 倍。

②旋喷管进入预定深度后，应先进行试喷，待达到预定压力、流量后，再提升旋喷。中途发生故障，应立即停止提升和旋喷，以防止桩体中断。同时进行检查，排除故障。若发现浆液喷射不足，影响桩体质量时，应进行复喷。施工中应做好详细记录。旋喷水泥浆应严格过滤，防止水泥结块和杂物堵塞喷嘴及管路。

③旋喷结束后要进行压力注浆，以补填桩柱凝结收缩后产生的顶部空穴。每次施工完毕后，必须立即用清水冲洗旋喷机具和管路，检查磨损情况，如有损坏零部件应及时更换。

6. 旋喷桩的质量检查

旋喷桩的质量检查通常采取钻孔取样、贯入试验、荷载试验或开挖检查等方法。对于防渗的联锁桩、定喷桩，应进行渗透试验。

第三节　土方石开挖

一、挖掘机械

挖掘机械的作用主要是完成挖掘工作，并将所挖土料卸在机身附近或装入运输工具中。挖掘机械按工作机构可分为单斗式和多斗式两类。

（一）单斗式挖掘机

1. 单斗式挖掘机的类型

单斗式挖掘机由工作装置、行驶装置和动力装置等组成。工作装置有正向铲、反向铲、索铲和抓铲等。工作装置可用钢索或液压操作。行驶装置一般为履带式或轮胎式。动力装置可分为内燃机拖动、电力拖动和复合式拖动等几种类型。

（1）正向铲挖掘机

该种挖掘机，由推压和提升完成挖掘，开挖断面是弧形，最适用于挖停机面以上的土方，也能挖停机面以下的浅层土方。由于稳定性好，铲土能力大，可以挖各种土料及软岩、岩渣进行装车。它的特点是循环式开挖，由挖掘、回转、卸土、返回构成一个工作循环，生产率的大小取决于铲斗大小和循环时间的长短。正向铲的斗容从 5m³ 至几十立方米，工程中常用 1~4m³。基坑土方开挖常采用正面开挖，土料场及渠道土方开挖常用侧面开挖，还要考虑与运输工具的配合问题。

正向铲挖掘机施工时，应注意以下几点：为了操作安全，使用时应将最大挖掘高度、挖掘半径值减少 5%~10%；在挖掘黏土时，工作面高度宜小于最大挖土半径时的挖掘高度，以防止出现土体倒悬现象；为了发挥挖掘机的生产效率，工作面高度应不低于挖掘一次即可装满铲斗的高度。

挖掘机的工作面称为掌子面，正向铲挖掘机主要用于停机面以上的掌子面开挖。根据掌子面布置的不同，正向铲挖掘机有不同的作业方式。

正向挖土，侧向卸土：挖掘机沿前进方向挖土，运输工具停在它的侧面装土（可停在停机面或高于停机面上）。这种挖掘运输方式在挖掘机卸土时，动臂回转角度很小，卸料时间较短，挖运效率较高，施工中应尽量布置成这种施工方式。

正向挖土，后方卸土：挖掘机沿前进方向挖土，运输工具停在它的后面装土。卸土时挖掘机动臂回转角度大，运输车辆须倒退对位，运输不方便，生产效率低。适用于开挖深度大、施工场地狭小的场合。

（2）反向铲挖掘机

反向铲挖掘机为液压操作方式时，适用于停机面以下土方开挖。挖土时后退向下，强制切土，挖掘力比正向铲挖掘机小，主要用于小型基坑、沟渠、基槽和管沟开挖。反向铲挖土时，可用自卸汽车配合运土，也可直接弃土于坑槽附近。由于稳定性及铲土能力均比正向铲差，只用来挖 Ⅰ~Ⅱ 级土，硬土要先进行疏松。反向铲的斗容有 0.5m³、1.0m³、1.6m³ 几种，目前最大斗容已超过 3m³。

反向铲挖掘机工作方式分为以下两种：

①沟端开挖挖掘机停在基坑端部，后退挖土，汽车停在两侧装土。

②沟侧开挖。挖掘机停在基坑的一侧移动挖土，可用汽车配合运土，也可将土卸于弃土堆。由于挖掘机与挖土方向垂直，挖掘机稳定性较差，而且挖土的深度和宽度均较小，故这种开挖方法只是在无法采用沟端开挖或不需要将弃土运走时采用。

（3）索铲挖掘机

索铲挖掘机的铲斗用钢索控制，利用臂杆回转将铲斗抛至较远距离，回拉牵引索，靠铲斗自重下切装满铲斗，然后回转装车或卸土。由于挖掘半径、卸土半径、卸土高度较大，最适用于水下土砂及含水量大的土方开挖，在大型渠道、基坑及水下砂卵石开挖中应用广泛。开挖方式有沟端开挖和沟侧开挖两种。当开挖宽度和卸土半径较小时，用沟端开挖；当开挖宽度大，卸土距离远时，用沟侧开挖。

（4）抓铲挖掘机

抓铲挖掘机靠铲斗自由下落中斗瓣分开切入土中，抓取土料合瓣后提升，回转卸土。其适用于挖掘窄深型基坑或沉井中的水下淤泥，也可用于散粒材料装卸，在桥墩等柱坑开挖中应用较多。

2. 单斗式挖掘机生产率计算

施工机械的生产率是指它在一定时间内和一定条件下，能够完成的工程量。生产率可分为理论生产率、技术生产率和实用生产率，实用生产率是考虑了在生产中各种不可避免的停歇时间（如加燃料、换班、中间休息等）之后，所能达到的实际生产率。

要想提高挖掘机的实用生产率，必须提高单位时间的循环次数和所装容量。为此可采取下述措施：加长中间斗齿长度，以减小铲土阻力，从而减少铲土时间；合并回转、升起、降落的操纵过程，采用卸土转角小的装车或卸土方式，以缩短循环时间；挖松散土料时，可更换大铲斗；加强机械的保养维修，保证机械正常运转；合理布置工作面，做好场地准备工作，使工作时间得以充分利用；保证有足够的运输工具并合理地组织好运输路线，使挖掘机能不断地进行工作。

（二）多斗式挖掘机

多斗式挖掘机是一种连续作业式挖掘机械，按构造不同，可分为链斗式和斗轮式两类。链斗式是由传动机械带动，固定在传动链条上的土斗进行挖掘的，多用于挖掘河滩及水下砂砾料；斗轮式是用固定在转动轮上的土斗进行挖掘的，多用于挖掘陆地上的土料。

1. 链斗式采砂船

水利水电工程中常用的国产采砂船有 $120m^3/h$ 和 $250m^3/h$ 两种，采砂船是无自航能力的砂砾石采掘机械：当远距离移动时，须靠拖轮拖带；近距离移动时（如开采时移动），可借助船上的绞车和钢丝绳移动。其配合的运输工具一般采用轨距为 1 435mm 和 762mm 的机车牵引矿斗车（河滩开采）或与砂驳船（河床水下开采）配合使用。

2. 斗轮式挖掘机

斗轮式挖掘机的斗轮装在可仰俯的斗轮臂上，斗轮上装有 7~8 个铲斗，当斗轮转动时，即可挖土，铲斗转到最高位置时，斗内土料借助自重卸到受料皮带机上，并卸入运输工具或直接卸到料堆上。斗轮式挖掘机的主要特点是斗轮转速较快，连续作业，因而生产率高。此外，斗轮臂倾角可以改变，且可回转360°，因而开挖范围大，可适应不同形状工作面的要求。

二、挖运组合机械

挖运组合机械是指由一种机械同时完成开挖、运输、卸土任务，有推土机、铲运机及装载机。

（一）推土机

推土机在水利水电工程施工中应用很广，可用于平整场地、开挖基坑、推平填方、堆积土料、回填沟槽等。推土机的运距不宜超过60~100m，挖深不宜大于1.5~2.0m，填高不宜大于2~3m。

推土机按安装方式可分为固定式和万能式两种，按操纵机构可分为索式及液压式两种，按行驶机构可分为轮胎式和履带式两种。

固定式推土机的推土器仅能升降，而万能式不仅能升降，还可在三个方向调整角度。固定式结构简单，应用广泛。索式推土机的推土器升降是利用卷扬机和钢索滑轮组进行的，升降速度较快，操作较方便，缺点是推土器不能强制切土，推硬土有困难。液压式推土机升降是利用液压装置来进行控制的，因而可以强制切土，但提升高度和速度不如索式，由于液压式推土机具有重量轻、构造简单、操作容易、振动小、噪声低等特点，应用较为广泛。

推土机的开行方式基本上是穿梭式的。为了提高推土机的生产率，应力求减少推土器两侧的散失土料，一般可采用槽行开挖、下坡推土、分段铲土、集中推运及多机并列推土等方法。

（二）铲运机

铲运机是一种能铲土、运土和填土的综合性土方工程机械。它一次能铲运几立方米到几十立方米的土方，经济运距达几百米。铲运机能开挖黏性土和砂卵石，多用于平整场地、开采土料、修筑渠道和路基以及软基开挖等。

铲运机按操纵系统分为索式和液压式两种，按牵引方式分为拖行式和自行式两种，按卸土方式分为自由卸土、强制卸土和半强制卸土三种。

（三）装载机

装载机是一种工作效率高、用途广泛的工程机械，它不仅可对堆积的松散物料进行装、运、卸作业，还可以对岩石、硬土进行轻度的铲掘工作，并能用于清理、刮平场地及牵引作业。如更换工作装置，还可完成堆土、挖土、松土、起重以及装载棒状物料等工作，因此被广泛应用。

装载机按行走装置可分为轮胎式和履带式两种，按卸载方式可分为前卸式、后卸式和回转式三种，按铲斗的额定重量可分为小型（<1t）、轻型（1~3t）、中型（4~8t）、重型（>10t）四种。

第四节　土料压实

一、影响土料压实的因素

土料压实的程度主要取决于机具能量（压实功）、碾压遍数、铺土的厚度和土料的含水量等。

土料是由土粒、水和空气三相体组成的。通常固相的土粒和液相的水是不会被压缩的，土料压实就是将被水包围的细土颗粒挤压填充到粗土粒间的孔隙中去，从而排走空气，使土料的空隙率减小，密实度提高。一般来说，碾压遍数越多，则土料越密实；当碾压到接近土料的极限密度时，再进行碾压，那时起的作用就不明显了。

在同一碾压条件下，土的含水量对碾压质量有直接的影响。当土具有一定含水量时，水的润滑作用使土颗粒间的摩擦阻力减小，从而使土易于压实。但当含水量超过某一限度时，土中的孔隙全由水来填充而呈饱和状态，反而使土难以压实。

二、土料压实方法、压实机械及其选择

（一）压实方法

土料的物理力学性能不同，压实时要克服的压实阻力也不同。黏性土的压实主要是克服土体内的凝聚力，非黏性土的压实主要是克服颗粒间的摩擦力。压实机械作用于土体上的外力有静压碾压、振动碾压和夯击三种：

静压碾压：作用在土体上的外力不随时间而变化。振动碾压：作用在土体上的外力随时间做周期性的变化，夯击：作用在土体上的外力是瞬间冲击力，其大小随时间而变化。

（二）压实机械

在碾压式的小型土坝施工中，常用的碾压机具有平碾、肋形碾，也有用重型履带式拖

拉机作为碾压机具使用的。碾压机具主要是靠沿土面滚动时碾滚本身的重量，在短时间内对土体产生静荷重作用，使土粒互相移动而达到密实。

1. 平碾

平碾的钢铁空心滚筒侧面设有加载孔，加载大小根据设计要求而定。平碾碾压质量差、效率低，较少采用。

2. 肋形碾

肋形碾一般采用钢筋混凝土预制。肋形碾单位面积压力较平碾大，压实效果比平碾好，用于黏性土的碾压。

3. 羊脚碾

羊脚碾的碾压滚筒表面设有交错排列的羊脚。钢铁空心滚筒侧面设有加载孔，加载大小根据设计要求而定。

羊脚碾的羊脚插入土中，不仅使羊脚底部的土体受到压实，而且使其侧向土体受到挤压，从而达到均匀压实的效果。二碾筒滚动时，表层土体被翻松，有利于上下层间结合。但对于非黏性土，由于插入土体中的羊脚使无黏性颗粒产生向上和侧向的移动，由此会降低压实效果，所以羊脚碾不适用于非黏性土的压实。

羊脚碾压实有两种方式：圈转套压和进退错距；后种方式压实效果较好。羊脚碾的碾压遍数，可按土层表面都被羊脚压过一遍即可达到压实要求考虑。

4. 气胎碾

气胎碾是一种拖式碾压机械，分单轴和双轴两种。单轴气胎碾主要由装载荷载的金属车厢和装在轴上的 4~6 个充气轮胎组成。碾压时，在金属车厢内加载，同时将气胎充气至设计压力。为避免气胎损坏，停工时用千斤顶将金属车厢顶起，并把胎内的气放出一些。

气胎碾在压实土料时，充气轮胎随土体的变形而发生变形。开始时，土体很松，轮胎的变形小，土体的压缩变形大。随着土体压实密度的增大，气胎的变形也相应增大，气胎与土体的接触面积也增大，这样始终能保持较均匀的压实效果。另外，还可通过调整气胎内压，控制作用于土体上的最大应力，使其不致超过土料的极限抗压强度。增加轮胎上的荷重后，由于轮胎的变形调节，压实面积也相应增加，所以平均压实应力的变化并不大。因此，气胎的荷重可以增加到很大的数值。对于平碾和羊脚碾，由于碾滚是刚性的，不能适应土壤的变形，荷载过大就会使碾滚的接触应力超过土壤的极限抗压强度，而使土壤结构遭到破坏。

气胎碾既适宜于压实黏性土，又适宜于压实非黏性土，适用条件好，压实效率高，是一种十分有效的压实机械。

5. 振动碾

振动碾是一种振动和碾压相结合的压实机械。它是由柴油机带动与机身相连的轴旋转，使装在轴上的偏心块产生旋转，迫使碾滚产生高频振动。振动功能以压力波的形式传递到土体内。非黏性土料在振动作用下，内摩擦力迅速降低，同时由于颗粒不均匀，振动过程中粗颗粒质量大、惯性力大，细颗粒质量小、惯性力小。粗细颗粒由于惯性力的差异而产生相对移动，细颗粒因此填入粗颗粒间的空隙，使土体密实。而对于黏性土，由于土粒比较均匀，在振动作用下，不能取得像非黏性土那样的压实效果。

6. 蛙夯

夯击机械是利用冲击作用来压实土方的，具有单位压力大、作用时间短的特点，既可用来压实黏性土，也可用来压实非黏性土。蛙夯由电动机带动偏心块旋转，在离心力的作用下带动夯头上下跳动而夯击土层。夯击作业时各夯之间要套压。一般用于施工场地狭窄、碾压机械难以施工的部位。

以上碾压机械碾压实土料的方法有两种：圈转套压法和进退错距法。

（1）圈转套压法：碾压机械从填方一侧开始，转弯后沿压实区域中心线另一侧返回，逐圈错距，以螺旋形线路移动进行压实。这种方法适用于碾压工作面大，多台碾具同时碾压的情况，生产效率高。但转弯处重复碾压过多，容易引起超压剪切破坏，转角处易漏压，难以保证工程质量。

（2）进退错距法：碾压机械沿直线错距进行往复碾压。这种方法操作简单，容易控制碾压参数，便于组织分段流水作业，漏压重压少，有利于保证压实质量。此法适用于工作面狭窄的情况。

由于振动作用，振动碾的压实影响深度比一般碾压机械大 1~3 倍，可达 1m 以上。它的碾压面积比振动夯、振动器压实面积大，生产率高。振动碾压实效果好，从而使非黏性土料的相对密实度大为提高，坝体的沉陷量大幅度降低，稳定性明显增强，使土工建筑物的抗震性能大为改善。故抗震规范明确规定，对有防震要求的土工建筑物必须用振动碾压实。振动碾结构简单，制作方便，成本低廉，生产率高，是压实非黏性土石料的高效压实机械。

（三）压实机械的选择

选择压实机械主要考虑如下原则：

1. 适应筑坝材料的特性。黏性土应优先选用气胎碾、羊脚碾；砾质土宜用气胎碾、夯板；堆石与含有特大粒径的砂卵石宜用振动碾。

2. 应与土料含水量、原状土的结构状态和设计压实标准相适应。对含水量高于最优含水量1%～2%的土料，宜用气胎碾压实；当黏性土的含水量低于最优含水量，原状土天然密度高并接近设计标准时，宜用重型羊脚碾、夯板；当含水量很高且要求压实标准较低时，黏性土也可选用轻型的肋形碾、平碾。

3. 应与施工强度大小、工作面宽窄和施工季节相适应。气胎碾、振动碾适用于生产要求强度高和抢时间的雨季作业；夯击机械宜用于坝体与岸坡或刚性建筑物的接触带、边角和沟槽等狭窄地带。冬季作业则选择大功率、高效能的机械。

4. 应与施工单位现有机械设备情况和习用某种设备的经验相适应。

三、压实参数的选择及现场压实试验

坝面的铺土压实，除应根据土料的性质正确地选择压实机具外，还应合理地确定黏性土料的含水量、铺土厚度、压实遍数等各项压实参数，以便使坝体既达到要求的密度，而同时消耗的压实功能又最少。由于影响土石料压实的因素很复杂，目前还不能通过理论计算或由实验室确定各项压实参数，因此宜通过现场压实试验进行选择。现场压实试验应在坝体填筑以前，即在土石料和压实机具已经确定的情况下进行。

（一）压实标准

土石坝的压实标准是根据设计要求通过试验提出来的。对于黏性土，在施工现场是以干密度作为压实指标来控制填方质量的。对于非黏性土则以土料的相对密度来控制。由于在施工现场用相对密度来进行施工质量控制不方便，因此往往将相对密度换算成干密度，以作为现场控制质量的依据。

（二）压实参数的选择

当初步选定压实机具类型后，即可通过现场碾压试验进一步确定为达到设计要求的各项压实参数。对于黏性土，主要是确定含水量、铺土厚度和压实遍数。对于非黏性土，一般多加水可压实，所以主要是确定铺土厚度和压实遍数。

（三）碾压试验成果整理分析

根据上述碾压试验成果，进行综合整理分析，以确定满足设计干密度要求的最合理碾压参数，步骤如下：

1. 根据干密度测定成果表，绘制不同铺土厚度、不同压实遍数土料含水量和干密度

的关系曲线。

2. 查出最大干密度对应的最优含水量，填入最大干密度与最优含水量汇总表。

3. 根据表绘制出铺土厚度、压实遍数和最优含水量、最大干密度的关系曲线。

对于非黏性土料的压实试验，也可用上述类似的方法进行，但因含水量的影响较小，可以不考虑。根据试验成果，按不同铺土厚度绘制干密度（或相对密度）与压实遍数的关系曲线，然后根据设计干密度（或相对密度）即可由曲线查得在某种铺土厚度情况下所需的压实遍数，再选择其中压实工作量最小的，即仍以单位压实遍数的压实厚度最大者为经济值，取其铺土厚度和压实遍数作为施工的依据。

选定经济压实厚度和压实遍数后，应首先核对是否满足压实标准的含水量要求，然后将选定的含水量控制范围与天然含水量比较，看是否便于施工控制，否则可适当改变含水量和其他参数。有时对同一种土料采用两种压实机具、两种压实遍数是最经济合理的。

第五节　碾压式土石坝施工

一、坝基与岸坡处理

坝基与岸坡处理工程为隐蔽工程，必须按设计要求并遵循有关规定认真施工。

清理坝基、岸坡和铺盖地基时，应将树木、草皮、树根、乱石、坟墓以及各种建筑物等全部清除，并认真做好水井、泉眼、地道、洞穴等处理。坝基和岸坡表层的粉土、细砂、淤泥、腐殖土、泥炭等均应按设计要求和有关规定清除。对于风化岩石、坡积物、残积物、滑坡体等，应按设计要求和有关规定处理。

坝基岸坡的开挖清理工作，宜自上而下一次完成。对于高坝可分阶段进行。凡坝基和岸坡易风化、易崩解的岩石和土层，开挖后不能及时回填者，应留保护层，或喷水泥砂浆或喷混凝土保护。防渗体、反滤层和均质坝体与岩石岸坡接合，必须采用斜面连接，不得有台阶、急剧变坡及反坡。对于局部凹坑、反坡以及不平顺岩面，可用混凝土填平补齐，使其达到设计坡度。

防渗体或均质坝体与岸坡接合，岸坡应削成斜坡，不得有台阶、急剧变坡及反坡。岩石开挖清理坡度不陡于1∶0.75，土坡不陡于1∶1.15，防渗体部位的坝基、岸坡岩面开挖，应采用预裂、光面等控制爆破法，使开挖面基本平顺。必要时可预留保护层，在开始填筑前清除。人工铺盖的地基按设计要求清理，表面应平整压实。砂砾石地基上，必须按设计要求做好反滤过渡层。坝基中软黏土、湿陷性黄土、软弱夹层、中细砂层、膨胀土、岩溶构造等，应按设计要求进行处理。天然黏性土岸坡的开挖坡度，应符合设计规定。

对于河床基础，当覆盖层较浅时，一般采用截水墙（槽）处理。截水墙（槽）施工受地下水的影响较大，因此必须注意解决不同施工深度的排水问题，特别注意防止软弱地基的边坡受地下水影响引起塌坡。对于施工区内的裂隙水或泉眼，在回填前必须认真处理。

土石坝用料量很大，在坝型选择阶段应对土石料场全面调查，在施工前还应结合施工组织设计，对料场做进一步勘探、规划和选择。料场的规划包括空间、时间、质与量等方面的全面规划。

空间规划，是指对料场的空间位置、高程进行恰当选择，合理布置。土石料场应尽可能靠近大坝，并有利于重车下坡。用料时，原则上低料低用、高料高用，以减少垂直运输。最近的料场一般也应在坝体轮廓线以外300m以上，以免影响主体工程的防渗和安全。坝的上下游、左右岸最好都有料场，以利于各个方向同时向大坝供料，保证坝体均衡上升。料场的位置还应利于排除地表水和地下水，对土石料场也应考虑与重要建筑物和居民点保持足够的防爆、防震安全距离。

时间规划，是指料场的选择要考虑施工强度、季节和坝前水位的变化。在用料规划上力求做到近料和上游易淹的料场先用，远料和下游不易淹的料场后用；含水量高的料场旱季用，含水量低的料场雨季用。上坝强度高时充分利用运距近、开采条件好的料场，上坝强度低时用运距远的料场，以平衡运输任务。在料场使用计划中，还应保留一部分近料场，供合龙段填筑和拦洪度汛施工高峰时使用。

料场质与量的规划，是指对料场的质量和储量进行合理规划。料场的质与量是决定料场取舍的前提。在选择和规划使用料场时，应对料场的地质成因、产状、埋深、储量及各种物理力学性能指标进行全面勘探和试验，选用料场应满足坝体设计施工的质量要求。

料场规划时还应考虑主要料场和备用料场。主要料场，是指质量好、储量大、运距近的料场，且可常年开采；备用料场一般设在淹没区范围以外，以便当主要料场被淹没或因库水位抬高而导致土料过湿或其他原因不能使用时使用备用料场，保证坝体填筑的正常进行。主要料场总储量应为设计总强度的 1.5～2.0 倍，备用料场的储量应为主要料场的 20%～30%。

此外，为了降低工程成本，提高经济效益，还应尽量充分利用开挖料作为大坝填筑材料。当开挖时间与上坝填筑时间不相吻合时，则应考虑安排必要的堆料场加以储备。

二、土石料挖运组织

（一）综合机械化施工的基本原则

土石坝施工，工程量很大，为了降低劳动强度，保证工程质量，有必要采用综合机械化施工。组织综合机械化施工的原则如下：

1. 确保主要机械发挥作用

主要机械是指在机械化生产线中起主导作用的机械。充分发挥它的生产效率，有利于加快施工进度，降低工程成本。如土方工程机械化施工过程中，施工机械组合为挖掘机、自卸汽车、推土机、振动碾。挖掘机为主要机械，其他为配套机械，挖掘机如出现故障或工效降低，会导致停产或施工强度下降。

2. 根据机械工作特点进行配套组合

连续式开挖机械和连续式运输机械配合，循环式开挖机械和循环式运输机械配合，形成连续生产线。否则，需要增加中间过渡设备。

3. 充分发挥配套机械作用

选择配套机械，确定配套机械的型号、规格和数量时，其生产能力要略大于主要机械的生产能力，以保证主要机械的生产能力。

4. 便于机械使用、维修管理

选择配套机械时，尽量选择一机多能型，减少衔接环节。同一种机械力求型号单一，便于维修管理。

5. 合理布置、加强保养、提高工效

严格执行机械保养制度，使机械处于最佳状态，合理布置工作面和运输道路。

目前，一般在中小型的工程中，多数不能实现综合机械化施工，而采用半机械化施工，在配合时也应根据上述原则结合现场具体情况，合理组织施工。

（二）挖运方案及其选择

1. 人工开挖，马车、拖拉机、翻斗车运土上坝。人工挖土装车，马车运输，距离不宜大于 1km；拖拉机、翻斗车运土上坝，适宜运距为 2~4km，坡度不宜大于 0.5%~1.5%。

2. 挖掘机挖土装车，自卸汽车运输上坝。正向铲开挖、装车，自卸汽车运输直接上坝，通常运距小于 10km。自卸汽车可运各种坝料，运输能力高，设备通用性强，能直接铺料，转弯半径小，爬坡能力较强，机动灵活，使用管理方便，设备易于获得。目前，国内外土石施工普遍采用自卸汽车。

3. 在施工布置上，正向铲一般采用立面开挖，汽车运输道路可布置成循环路线，装料时采用侧向掌子面，即汽车鱼贯式地装料与行驶。这种布置形式可避免汽车的倒车时间和挖掘机的回转时间，生产率高，能充分发挥正向铲与汽车的效率。

4. 挖掘机挖土装车，胶带机运输上坝。胶带机的爬坡能力强、架设简易，运输费用较低，运输能力也较大，适宜运距小于 10km。胶带机可直接从料场运输上坝；也可与自卸汽车配合，做长距离运输，在坝前经漏斗卸入汽车转运上坝；或与有轨机车配合，用胶带机转运上坝做短距离运输。

5. 斗轮式挖掘机挖土装车，胶带机运输上坝。该方案具有连续生产、挖运强度高、管理方便等优点。

6. 采砂船挖土装车，机车运输，转胶带机上坝。在国内一些大中型水电工程施工中，广泛采用采砂船开采水下的砂砾料，配合有轨机车运输。当料场集中，运输量大，运距大于 10km 时，可用有轨机车进行水平运输。有轨机车的临建工程量大，设备投资较高，对线路坡度和转弯半径要求也较高，不能直接上坝，在坝脚经卸料装置转胶带机运土上坝。

总之，在选择开挖运输方案时，应根据工程量大小、土料上坝强度、料场位置与储量、土质分布、机械供应条件等综合因素，进行技术上和经济上的分析，之后确定经济合理的挖运方案。

（三）挖运强度与设备

分期施工的土石坝，应根据坝体分期施工的填筑强度和开挖强度，确定相应的机械设备容量。

为了充分发挥自卸汽车的运输能效，应根据挖掘机械的斗容选择具有适宜容量的汽车型号。挖掘机装满一车斗数的合理范围应为 3~5 斗，通常要求装满一车的时间不超过 3.5~4min，卸车时间不超过 2min。

三、坝面作业与施工质量控制

（一）坝面作业施工组织

坝面作业包括铺土、平土、洒水或晾晒（控制含水量）、压实、刨毛（平碾碾压）、修整边坡、修筑反滤层和排水体及护坡、质量检查等工序。坝体土方填筑的特点是：作业面狭窄，工种多，工序多，机具多，施工干扰大。若施工组织不当，将产生干扰，造成窝工，影响工程进度和施工质量。为了避免施工干扰，充分发挥各不同工序施工机械的生产效率，一般采用流水作业法组织坝面施工。

采用流水作业法组织施工时，首先根据施工工序将坝面划分成几个施工段，然后组织各工种的专业队依次进入所划分的施工段施工。对同一施工段而言，各专业队按工序依次连续进行施工；对各专业队，则不停地轮流在各个施工段完成本专业的施工工作。施工队作业专业化，有利于工人技术的熟练和提高，同时在施工过程中也保持了人、地、机具等施工资源的充分利用，避免了施工干扰和窝工。各施工段面积的大小取决于各施工期土料上坝的强度。

（二）坝面填筑施工要求

1. 基本要求

铺料宜沿坝轴线方向进行，铺料应及时，严格控制铺土厚度，不得超厚。防渗体土料应用进占法卸料，汽车不应在已压实土料面上行驶。砾质土、风化料、掺合土可视具体情况选择铺料方式。汽车穿越防渗体路口段时，应经常更换位置，每隔 40~60m 宜设专用道口，不同填筑层路口段应交错布置，对路口段超压土体应予以处理。防渗体分段碾压时，相邻两段交接带碾迹应彼此搭接，垂直碾压方向搭接带宽度应不小于 0.3~0.5m，顺碾压方向搭接带宽度应为 1~1.5m。平土要求厚度均匀，以保证压实质量，对于自卸汽车或皮带机上坝，由于卸料集中，多采用推土机或平土机平土。斜墙坝铺筑时应向上游倾斜 1%~2% 的坡度，对均质坝、心墙坝，应使坝面中部凸起，向上下游斜 1%~2% 的坡度，以便排除雨水。铺填时土料要平整，以免雨后积水，影响施工。

2. 心墙、斜墙、反滤料施工

心墙施工中，应注意使心墙与砂壳平衡上升。心墙上升快，易干裂影响质量；砂壳上升太快，则会造成施工困难。因此，要求在心墙填筑中应保持同上下游反滤料及部分坝壳平起，骑缝碾压。为保证土料与反滤料层次分明，可采用土砂平起法施工。根据土料与反滤料填筑先后顺序的不同，又分为先土后砂法和先砂后土法。

先砂后土法。即先铺反滤料，后铺土料。当反滤料宽度小于 3m 时，铺一层反滤料，填二层土料，碾压反滤料并骑缝压实与土料的结合带。因先填砂层与心墙填土收坡方向相反，为减少土砂交错宽度，碧口、黑河等坝在铺第二层土料前，采用人工将砂层沿设计线补齐。对于高坝，反滤层宽度较大，机械铺设方便，反滤料铺层厚度与土料相同，平起铺料和碾压。如小浪底斜心墙，下游侧设两级反滤料，一级（20~0.1mm）宽 6m，二级（60~5mm）宽 4m，上游侧设一级反滤料（60~0.1mm）宽 4m。先砂后土法由于土料填筑有侧限，施工方便，工程较多采用。

先土后砂法。即先铺土料，后铺反滤料，齐平碾压。由于土料压实时，表面高于反滤料，土料的卸、铺、平、压都是在无侧限的条件下进行的，很容易形成超坡。采用羊脚碾压实时，要预留30~50cm松土边，避免土料被羊脚碾插入反滤层内。当连续晴天时，土料上升较快，应注意防止土体干裂。

对于塑性斜墙坝施工，则宜待坝壳修筑到一定高程甚至达到设计高程后，再行填筑斜墙土料，以便使坝壳有较大的沉陷，避免因坝壳沉陷不均匀而造成斜墙裂缝现象。斜墙应留有余量（0.3~0.5m），以便削坡；已筑好的斜墙应立即在其上游面铺好保护层防止干裂，保护层应随斜墙增高而增高，其相差高度不大于1~2m。

（三）接缝处理

土石坝的防渗体要与地基、岸坡及周围其他建筑物的边界相接；由于施工导流、施工分期、分段分层填筑等要求，还必须设置纵向横向的接坡、接缝。这些结合部位是施工中的薄弱环节，质量控制应采取如下措施：

1. 土料与坝基结合面处理

一般用薄层轻碾的方法施工，不允许用重碾或重型夯，以免破坏基础，造成渗漏。黏性土地基：将表层土含水量调至施工含水量上限范围，用与防渗体土料相同的碾压参数压实，然后刨毛3~5cm，再铺土压实。非黏性土地基：先洒水压实地基，再铺第一层土料，含水量为施工含水量的上限，采用轻型机械压实岩石地基。先把局部不平的岩石修理平整、清洗干净，封闭岩基表面节理、裂隙。若岩石面干燥可适当洒水，边涂刷浓泥浆、边铺土、边夯实。填土含水率大于最优含水率1%~3%，用轻型碾压实，适当降低干密度。待厚度在0.5~1.0m以上时方可用选定的压实机具和碾压参数正常压实。

2. 土料与岸坡及混凝土建筑物结合面处理

填土前，先将结合面的污物冲洗干净，清除松动岩石，在结合面上洒水湿润，涂刷一层浓黏土浆，厚约5mm，以提高固结强度，防止产生渗透；搭接处采用黏土，小型机具压实。防渗体与岸坡结合带碾压，搭接宽度不小于1m，搭接范围内或边角处，不得使用羊脚碾等重型机械。

3. 坝身纵横接缝处理

土石坝施工中，坝体接坡具有高差较大，停歇时间长，要求坡身稳定的特点。一般情况下，土料填筑力争平起施工，斜墙、心墙不允许设纵向接缝。防渗体及均质坝的横向接坡不应陡于1:3，高差不超过15m。均质坝接坡宜采用斜坡和平台相间的形式，坡度和平台宽度应满足稳定要求，平台高差不大于 15m。接坡面可采用推土机自上而下削坡。坝体分层施工临时设置的接缝，通常控制在铺土厚度的 1~2 倍以内。接缝在不同的高程要错缝。

渗体的铺筑作业应连续进行，如因故停工，表面必须洒水湿润，控制含水量。

（四）施工质量控制

施工质量的检查与控制是土石坝安全的重要保证，它应贯穿于土石坝施工的各个环节和施工全过程。在施工中除对地基进行专门检查外，还应对料场土料、坝身填筑以及堆石体、反滤料等填筑进行严格的检查和控制，在土石坝施工中应实行全面质量管理，建立健全质量保证体系。

1. 料场的质量检查和控制

各种筑坝材料应以料场控制为主，必须是合格的坝料方能运输上坝，不合格坝料应在料场处理合格后方能上坝，否则应废弃。在料场建立专门的质量检查站，按设计要求及有关规范规定进行料场质量控制，主要控制包括：是否在规定的料区开采，是否将草皮、覆盖层等清除干净；坝料开采加工方法是否符合规定；排水系统、防雨措施、负温下施工措施是否完备；坝料性质、级配、含水率是否符合要求。

2. 填筑质量检查和控制

坝面填筑质量是保证土石坝施工质量的关键。在土料填筑过程中，应对铺土厚度、土块大小、含水量、压实后的干密度等进行检查，并提出质量控制措施。对黏性土含水量可采用"手检"法：即手握土料能成团，手搓可成碎块，则含水量合格，准确检测应用含水量测定仪测定。取样所测定的干密度试验结果，其合格率应不小于 90%，不合格干密度不得低于设计值的 98%，且不能集中出现。黏性土和砂土的密度可用环刀法测定，砾质土、砂砾料、反滤料可用灌水法或灌砂法测定。

对于反滤层、过渡层、坝壳等非黏性土的填筑，除按要求取样外，主要应控制压实参数，发现问题应及时纠正。对于铺筑厚度、是否混有杂物、填筑质量等应进行全面检查。对堆石体主要应检查上坝块石的质量、风化程度，石块的重量、尺寸、形状，堆筑过程中有无离析架空现象发生。对于堆石的级配、空隙率大小，应分层分段取样，检查是否符合设计要求。根据地形、地质、坝料特性等因素，在施工特征部位和防渗体中，选定若干个固定断面，每升高 5~10m，取代表性试样进行室内物理力学性质试验，作为复核设计及工程管理的依据。所有质量检查的记录，应随时整理，分别编号存档备查。

四、土石坝的季节性施工措施

(一)负温下填筑

我国北方的广大地区,每年都有较长的负温季节。为了争取更多的作业时间,需要根据不同的负温条件,采取相应措施,进行负温下填筑。负温下填筑可分为露天法施工和暖棚法施工两种方法,暖棚法施工所需器材多,一般只是气温过低时,在小范围内进行。露天施工要求压实时土料温度必须在-1℃以上。当日最低气温在-10℃以下,或在0℃以下且风速大于10m/s时,应停工;黏性土料的含水率不应大于塑限的90%,粒径小于5mm的细砂砾料的含水率应小于4%;填土中严禁带有冰雪、冻块;土、砂、砂砾料与堆石不得加水;防渗体不得受冻。施工可采取如下措施:

1. 防冻措施

降低土料含水量,或采用含水量低的土料上坝;挖取深层正温土料,加大施工强度,薄层铺筑,增大压实功能,快速施工,争取受冻前压实结束。

2. 保温措施

加覆盖物保温,如树叶、干草、草袋、塑料布等;设保温冰层,即在土料面上修土坛放水冻冰,将冰层下的水放走,形成冰盖,冰盖下的空气夹层可起到保温作用;在土料表面进行翻松等。

(二)雨季施工

雨季施工最主要的问题是土料含水量的变化对施工带来的不利影响。雨季施工应采取以下有效措施:

1. 加强雨季水文气象预报,提前做好防雨准备,把握好雨后复工时机。

2. 充分利用晴天加强土料储备,并安排心墙和两侧反滤料与部分顶壳料的筑高,以便在雨天继续填筑坝壳料,保持坝面稳定上升。来雨前用光面碾快速压实松土,防止雨水渗入。

3. 铺料时,心墙向两侧、斜墙向下游铺成2%的坡度,以利排水。

4. 做好坝面防雨保护,如设防雨棚、覆盖苫布、油布等。

5. 做好料场周围的排水系统,控制土料含水量。

第六节 面板堆石坝施工

一、堆石坝材料、质量要求及坝体分区

（一）堆石坝材料、质量要求

根据施工组织设计，查明各料场的储量和质量，如果利用施工中挖方的石料，要按料场要求增做试验。一、二级高坝坝料室内试验项目应包括坝料的颗粒级配、相对密度、抗剪强度和压缩模量，以及垫层料、砂砾料、软岩料的渗透和渗透变形试验。100m以上的坝，应测定坝料的应力应变参数。

高坝垫层料要求有良好的级配，最大粒径为80~100mm，粒径小于5mm的颗粒含量为30%~50%，粒径小于0.075mm的颗粒含量不宜超过8%，中低坝可适当降低要求。压实后应具有内部渗透稳定性、低压缩性、高抗剪强度，并具有良好的施工特性。用天然砂砾料做垫层料时，要求级配连续、内部结构稳定、压实后渗透系数为1/1000~1/10000cm/s。寒冷地区，垫层的颗粒级配要满足排水性要求。垫层料可采用人工砂石料、砂砾石料，或两者的掺料。

过渡料要求级配连续，最大粒径不宜超过300mm，可用人工细石料、经筛分加工的天然砂砾料等。压实后的过渡料要压缩性小、抗剪强度高、排水性好。

主堆石料可用坝基开采的硬岩堆石料，也可采用砂砾石料，但坝体分区应满足规范要求。硬岩堆石料要求压实后应有良好的颗粒级配，最大粒径不超过压实层厚度，粒径小于5mm颗粒含量不宜超过20%，粒径小于0.075mm的颗粒含量不宜超过5%。在开采之前，应进行专门的爆破试验。砂砾石料中粒径小于0.075mm的颗粒含量超过5%时，宜用在坝内干燥区。

软岩堆石料压实后应具有较低的压缩性和一定的抗剪强度，可用于下游堆石区下游水位以上的干燥区，如用于主堆石区须经专门论证和设计。

（二）坝体分区

堆石坝坝体应根据石料来源及对坝料的强度、渗透性、压缩性、施工方便和经济合理性等要求进行分区。在岩基上用硬岩堆石料填筑的坝体分区从上游到下游分为垫层区、过渡区、主堆石区、下游堆石区；在周边缝下游应设置特殊垫层区；设计中可结合枢纽建筑

物开挖石料和近坝可用料源增加其他分区。我国天然砂砾石比较丰富，根据需要调整垫层区的水平宽度应由坝高、地形、施工工艺和经济性比较确定。当用汽车直接卸料，推土机推平方法施工时，垫层区不宜小于 3m，有专门的铺料设备时，垫层区宽度可减少，并相应增大过渡区的面积，主堆石区用硬岩时，到垫层区之间应设过渡区，为方便施工，其宽度不应小于 3m。

二、坝体施工

（一）坝体填筑工艺

坝体填筑原则上应在坝基、两岸岸坡处理验收以及相应部位的趾板混凝土浇筑完成后进行。由于施工工序及投入工程和机械设备较多，为提高工作效率，避免相互干扰，确保安全，坝料填筑作业应按流水作业法组织施工。坝体填筑的工艺流程为测量放样、卸料、摊铺、洒水、压实、质检。坝体填筑尽量做到平起、均衡上升。垫层料、过渡料区之间必须平起上升，垫层料、过渡料与主堆石料区之间的填筑面高差不得超过一层。各区填筑的层厚、碾压遍数及加水量等严格按碾压试验确定的施工参数执行。

堆石区的填筑料采用进占法填筑，卸料堆之间保留 60cm 间隙，采用推土机平仓，超径石应尽量在料场解小。坝料填筑宜加水碾压，碾压时采用错距法顺坝轴线方向进行，低速行驶（1.5~2km/h），碾压按坝料的分区分段进行，各碾压段之间的搭接不少于 1.0m。在岸坡边缘靠山坡处，大块石易集中，故岸坡周边选用石料粒径较小且级配良好的过渡料填筑，同时周边部位先于同层堆石料铺筑。碾压时滚筒尽量靠近岸坡，沿上下游方向行驶，仍碾压不到之处用手扶式小型振动碾或液压振动夯加强碾压。

垫层料、过渡料卸料铺料时，避免分离，两者交界处避免大石集中，超径石应予剔除。填筑时自卸汽车将料直接卸入工作面，后退法卸料，碾压时顺坝轴线行驶，用推土机推平，人工辅助平整，铺层厚度等按规定的施工参数执行。垫层料的铺填顺序必须先填筑主堆石区，再填过渡层区，最后填筑垫层区。

下游护坡宜与坝体填筑平起施工，护坡石宜选取大块石，机械整坡、堆码，或人工干砌，块石间嵌合要牢固。

（二）垫层区上游坡面施工

垫层区上游坡面传统施工方法：在垫层料填筑时，向上游侧超出设计边线 30~40cm，先分层碾压。填筑一定高度后，由反铲挖掘机削坡，并预留 5~8cm 高出设计线；为了保证碾压质量和设计尺寸，需要反复进行斜坡碾压和修整，工作量很大。为保护新形成的坡面，常采用的形式有碾压水泥砂浆（珊溪坝）、喷乳化沥青（天生桥一级、洪家渡）、喷射混凝土（西北口坝）等。这种传统施工工艺技术成熟，易于掌握，但工序多，费工费时，坡面垫层料的填筑密实度难以保证。

混凝土挤压墙技术是混凝土面板坝上游坡面施工的新方法。1999年，首先在巴西埃塔面板堆石坝建设中使用，我国从21世纪初期开始研究，并在公伯峡水电站、甘肃西流水大坝、湖北芭蕉河鹤峰水电站等项目中相继应用。挤压边墙施工法是在每填筑一层垫层料前，用边墙挤压机制出一个半透水混凝土小墙，然后在其下游面按设计铺填坝料，用振动碾平面碾压，合格后再重复以上工序。

坡面整修、斜坡碾压等工序，施工简单易行，施工质量易于控制，降低劳动强度，避免垫层料的浪费，效率较高。挤压边墙技术在国内应用时间较短，施工工艺还有待进一步完善。黄河公伯峡面板堆石坝工程所使用挤压机的施工速度为 $40 \sim 60m/h$，平均速度为 $44m/h$，挤压混凝土密实度为 $2.0 \sim 2.2t/m^3$。

（三）质量控制

1. 料场质量控制

在规定的料区范围内开采，料场的草皮、树根、覆盖层及风化层已清除干净；堆石料开采加工方法符合规定要求；堆石料级配、含泥量、物理力学性质符合设计要求，不合格料则不允许上坝。

2. 坝体填筑的质量控制

堆石材料、施工机械符合要求。负温下施工时，坝基已压实的砂砾石无冻结现象，填筑面上的冰雪已清除干净。坝面压实后，应对压实参数和孔隙率进行控制，以碾压参数为主。铺料厚度、压实遍数、加水量等应符合要求，铺料误差不宜超过层厚的10%，坝面保持平整。

垫层料、过渡料和堆石料压实干密度的检测方法，宜采用挖坑灌水法，或辅以表面波压实密度仪法。施工中可用压实计实施控制，垫层料可用核子密度计法。垫层料试坑直径应不小于最大粒径的4倍，过渡料试坑直径应不小于最大粒径的 $3 \sim 4$ 倍，堆石料试坑直径为最大粒径的 $2 \sim 3$ 倍，试坑直径最大不超过2m。以上三种料的试坑深度均为碾实层厚度。此外填筑质量检测还可采用K30法，即直接检测填筑土的力学性质参数K30。将K30法用于坝体填筑质量检测，可以减少挖坑取样的数量，快捷、准确地进行坝体填筑质量的检测。在公伯峡面板堆石坝施工中开展了对K30法的试验研究。

三、钢筋混凝土面板分块和浇筑

（一）钢筋混凝土面板的分块

混凝土防渗面板包括趾板（面板底座）和面板两部分。防渗面板应满足强度、抗渗、抗侵蚀、抗冻要求，趾板设伸缩缝，面板设垂直伸缩缝、周边伸缩缝等永久缝和临时水平施工缝。垂直伸缩缝从底到顶布置，中部受压区，分缝间距一般为 12~18m，两侧受拉区按 6~9m 布置。受拉区设两道止水，受压区在底侧设一道止水，水平施工缝不设止水，但竖向钢筋必须相连。

（二）防渗面板混凝土浇筑与质量

面板施工在趾板施工完毕后进行。面板一般采用滑模施工，由下而上连续浇筑。面板浇筑可以一期进行，也可以分期进行，须根据坝高、施工总计划而定。对于中低坝，面板宜一期浇筑；对于高坝，面板可一期或分期施工。为便于流水作业，提高施工强度，面板混凝土均采用跳仓施工。当坝高不大于 70m 时，面板在堆石体填筑全部结束后施工，这主要考虑避免堆石体沉陷和位移对面板产生的不利影响；高于 70m 的堆石坝，应考虑需要拦洪度汛，提前蓄水，面板宜分二期或三期浇筑，分期接缝应按施工缝处理。面板钢筋采用现场绑扎或焊接，也可用预制网片现场拼接。混凝土浇筑中，布料要均匀，每层铺料 250~300cm；止水片周围须人工布料，防止分离。振捣混凝土时，要垂直插入，至下层混凝土内 5cm，止水片周围用小振捣器仔细振捣；振动过程中，防止振捣器触及滑模、钢筋、止水片。脱模后的混凝土要及时修整和压面。

四、沥青混凝土面板施工

沥青混凝土由于抗渗性好，适应变形能力强，工程量小，施工速度快，正在广泛用于土石坝的防渗体中。

沥青混凝土面板所用沥青主要根据工程地点的气候条件选择，我国目前多采用道路沥青。粗骨料选用碱性碎石，其最大粒径一般为 15~25mm；细骨料可选碱性岩石加工的人工砂、天然砂或两者的混合。骨料要求坚硬、洁净、耐久，按满足 5d 以上施工需要量储存。填料种类有石棉、消石灰、水泥、橡胶、塑料等，其掺量由试验确定。

沥青混凝土面板一般采用碾压法施工。施工中对温度要严加控制，其标准根据材料性质、施工地区和施工季节，由试验确定。在日平均气温高于 5℃ 和日降雨量小于 5mm 时方可施工，日气温虽然在 5~15℃，但风速大于 4 级也不能施工。

沥青混凝土面板施工是在坡面上进行的，施工难度较大，所以尽量采用机械化流水作业。首先进行修整和压实坡面，然后铺设垫层，垫层料应分层压实，并对坡面进行修整，使坡度、平整度和密实度等符合设计要求，在垫层面上喷涂一层乳化沥青或稀释沥青。沥青混凝土面板多采用一级铺筑。当坝坡较长或因拦洪度汛需要设置临时断面时，可采用二级或二级以上铺筑。一级斜坡长度铺筑通常不超过 120~150m，当采用多级铺筑时，临时断面应根据牵引设计的布置及运输车辆交通的要求，一般不小于 15m。沥青混合料的铺筑方向多采用沿最大坡度方向分成若干条幅，自下而上依次铺筑。防渗层一般采用多层铺筑，各区段条幅宽度间上下层接缝必须相互错开，水平接缝的错距应大于 1m，顺坡纵缝的错距一般为条幅宽度的 1/3~2/3。先用小型振动碾进行初压，再用大型振动碾二次碾压，上行振压，下行静压。施工接缝及碾压带间，应重叠碾压 10~15cm，压实温度应高于 110℃。二次碾压温度应高于 80℃。防渗层的施工缝是面板的薄弱环节，尽量加大条幅摊铺宽度和长度，减少纵向和横向施工缝。防渗层的施工缝以采用斜面平接为宜，斜面坡度一般为 45°，整平胶结层的施工缝可不做处理。但上下层的层面必须干燥，间隔不超过 48h。防渗层层间应喷涂一薄层稀沥青或热沥青，用喷洒法施工或橡胶刮板涂刷。

五、其他坝型施工

（一）抛填式堆石坝

抛填式堆石坝施工一般先建栈桥，将石块从栈桥上距填筑面 10~30m 的高处抛掷下来，靠石块的自重将石料冲实，同时用高压水枪冲射，把细颗粒碎石充填到石块间的孔隙中。采用抛填式填筑成的堆石体孔隙率较大，所以在承受水压力后变形大，石块尖角容易被压裂和剪裂，抗剪强度较低，在发生地震时沉降量更大。随着重型碾压机械的出现，目前此种坝型已很少采用。

（二）定向爆破堆石坝

定向爆破堆石坝是在河谷两岸或一岸对岩体进行定向爆破，将石块抛掷到河谷坝址，从而堆筑起大部分坝体。然后修整坝坡，并在抛填堆石体上加高碾压堆石体，直至坝顶。最后在上游坝坡堆筑反滤层、斜墙防渗体、保护层和护坡等。采用这种方法筑坝，一次爆破可得石方数万、数十万甚至上百万立方米，爆破抛射出的石块下落时以高速填入堆石体，紧密度较大，孔隙率可在 28% 以下，从而可节约大量人力、物力和财力。但爆破对山体的破坏作用较大，使岩体内的裂缝加宽，有时可形成绕坝渗流通道，并可使隧洞、溢洪道周围的地质条件以及岸坡的稳定条件恶化。因此，这种坝型主要适用于山高、坡陡、窄河谷、交通运输条件极为不便以及地质条件良好的中小型工程。

第三章　混凝土工程

第一节　钢筋与模板工程

一、钢筋工程

（一）钢筋的种类、规格及性能要求

1.钢筋的种类和规格

钢筋种类繁多，按照不同的方法分类如下：

（1）按照钢筋外形分：光面钢筋（圆钢）、变形钢筋（螺纹、人字纹、月牙肋）、钢丝、钢绞线。

（2）按照钢筋的化学成分分：碳素钢（常用低碳钢）、合金钢（低合金钢）。

（3）按照钢筋的屈服强度分：235、335、400、500级钢筋。

（4）按照钢筋的作用分：受力钢筋（受拉、受压、弯起钢筋），构造钢筋（分布筋、箍筋、架立筋、腰筋及拉筋）。

2.钢筋的性能

水利工程钢筋混凝土常用的钢筋为热轧钢筋，从外形可分为光圆钢筋和带肋钢筋。与光圆钢筋相比，带肋钢筋与混凝土之间的握裹力大，共同工作的性能较好。

热轧光圆钢筋（hot rolled plain bars）是指经热轧成型，横截面通常为圆形，表面光滑的成品钢筋。牌号由 HPB 加屈服强度特征值构成。光圆钢筋的种类有 HPB235 和 HPB300。

带肋钢筋（ribbed bars）指横截面通常为圆形，且表面带肋的混凝土结构用钢材。带肋钢筋按生产工艺分为热轧钢筋和热轧后带有控制冷却并自回火处理的钢筋。普通热轧带肋钢筋牌号由 HRB 加屈服强度特征值构成，如 HRB335、HRB400、HRB500。热轧后带有控制冷却并自回火处理的钢筋牌号由 RRB 加屈服强度特征值构成，如 RRB335、RRB400、RRB500。

（二）钢筋的加工

工厂生产的钢筋应有出厂证明和试验报告单，运至工地后应根据不同等级、钢号、规格及生产厂家分批分类堆放，不得混淆，且应立牌以方便识别。应按施工规范要求，使用前做抗拉和冷弯试验，需要焊接的钢筋尚应做好焊接工艺试验。

钢筋的加工包括调直、除锈、切断、弯曲和连接等工序。

1. 钢筋调直、除锈

钢筋就其直径而言可分为两大类。直径小于等于 12mm 卷成盘条的叫轻筋，大于 12mm 呈棒状的叫重筋。调直直径 12mm 以下的钢筋，主要采用卷扬机拉直或用调直机调直。对钢筋进行强力拉伸，称为钢筋的冷拉。钢筋在调直机上调直后，其表面伤痕不得使钢筋截面面积减少 5% 以上。对于直径大于 30mm 的钢筋，可用弯筋机进行调直。

钢筋表面的鳞锈，会影响钢筋与混凝土的黏结，可用锤敲或用钢丝刷清除。对于一般浮锈可不必清除。对锈蚀严重者应用风砂枪和除锈机除锈。

2. 钢筋切断

切断钢筋可用钢筋切断机完成。对于直径 22～40mm 的钢筋，一般采用单根切断；对于直径在 22mm 以下的钢筋，则可一次切断数根。对于直径大于 40mm 的钢筋，要用氧气切割或电弧切割。

3. 钢筋连接

钢筋连接常用的方法有焊接连接、机械连接和绑扎连接。

（1）钢筋焊接连接

钢筋的焊接质量与钢材的可焊性、焊接工艺有关。钢筋焊接分为压焊和熔焊两种形式。压焊包括闪光对焊、电阻点焊等，熔焊有电弧焊、电渣压力焊等。

（2）钢筋机械连接

钢筋机械连接是通过连接件的机械咬合作用或钢筋端面的承压作用，将一根钢筋中的力传递至另一根钢筋的连接方法。在确保钢筋接头质量、改善施工环境、提高工作效率、保证工程进度方面具有明显优势。三峡工程永久船闸输水系统所用钢筋就是采用机械连接技术。常用的钢筋机械连接类型有挤压连接、锥螺纹连接等。

4. 钢筋弯曲成型

弯曲成型的方法分手工和机械两种。手工弯筋，可采用板柱铁板的扳手，弯制直径

25mm 以下的钢筋。对于大弧度环形钢筋的弯制，则在方木拼成的工作台上进行。弯制时，先在台面上画出标准弧线，并在弧线内侧钉上内排扒钉（其间距较密，曲率可适当加大，因考虑钢筋弯曲后的回弹变形）。然后在弧线外侧的一端钉上 1~2 只扒钉。再将钢筋的一端夹在内、外扒钉之间；另一端用绳索试拉，经往返回弹数次，直到钢筋与标准弧线吻合，即为合格。

大量的弯筋工作，除大弧度环形钢筋外，宜采用弯筋机弯制，以提高工效和质量。常用的弯筋机，可弯制直径 6~40mm 的钢筋。弯筋机上的几个插孔，可根据弯筋需要进行选择，并插入插棍。

（三）钢筋的安装

钢筋的安装可采用散装和整装两种方式。散装是将加工成型的单根钢筋运到工作面，按设计图纸绑扎或电焊成型。散装对运输要求相对较低，不受设备条件限制，但功效低，高空作业安全性差，且质量不易保证。对机械化程度较高的大中型工程，已逐步为整装所代替。

整装是将加工成型的钢筋，在焊接车间用点焊焊接交叉结点，用对焊接长，形成钢筋网和钢筋骨架。整装件由运输机械成批运至现场，用起重机具吊运入仓就位，按图拼合成型。整装在运、吊过程中要采取加固措施，合理布置支承点和吊点，以防过大的变形和破坏。

（四）钢筋的配料与代换

1. 钢筋的配料

钢筋加工前应根据图纸按不同构件先编制配料单，然后进行备料加工。

下料长度计算是配料计算中的关键。钢筋弯曲时，其外壁伸长，内壁缩短，而中心线长度并不改变。但是设计图中注明的尺寸是根据外包尺寸计算的，且不包括端头弯钩长度。显然，外包尺寸大于中心线长度，它们之间存在一个差值，称为"量度差值"。因此，钢筋的下料长度应为：

$$钢筋下料长度 = 外包尺寸 + 端头弯钩长度 - 量度差值 \qquad (3-1)$$
$$箍筋下料长度 = 箍筋周长 + 箍筋调整值 \qquad (3-2)$$

2. 钢筋的代换

如果在施工中供应的钢筋品种和规格与设计图纸要求不符时，允许进行代换。但代换时应征得设计单位的同意，充分了解设计意图和代换钢材的性能，严格遵守规范的各项规定。

按不同的控制方法，钢筋代换有以下三种：

（1）当结构件是按强度控制时，可按强度等同原则代换，称等强代换。如设计图中所用钢筋强度为 f_{y1}，钢筋总面积为 A_{s1}，代换后钢筋强度为 f_{y2}，钢筋总面积为 A_{s2}，则应满足

$$f_{y2}A_{s2} \geq f_{y1}A_{y1} \qquad (3-3)$$

（2）当结构件按最小配筋率控制时，可按钢筋面积相等的原则代换，称等面积代换，即

$$A_{s2} = A_{s1} \qquad (3-4)$$

式中，A_{s1}——原设计钢筋的计算面积；

A_{s2}——拟代换钢筋的计算面积。

（3）当结构件按裂缝宽度或挠度控制时，钢筋的代换须进行裂缝宽度或挠度验算。代换后，还应满足构造方面的要求（如钢筋间距、最小直径、最少根数、锚固长度、对称性等）及设计中提出的特殊要求（如冲击韧性、抗腐蚀性等）。

二、模板工程

模板工程是混凝土浇筑时使之成型的模具及其支承体系的工程，模板工程量大，材料和劳动力消耗多。因此，正确选择材料组成和合理组织施工，直接关系到结构物的工程质量和造价。

模板包括接触混凝土并控制其尺寸、形状、位置的构造部分，以及支持和固定它的杆件、桁架、联结件等支承体系。其主要作用是对新浇塑性混凝土起成型和支撑作用，同时还具有保护和改善混凝土表面质量的作用。模板及其支撑系统必须满足下列要求：①保证工程结构和构件各部分形状尺寸和相互位置的正确；②具有足够的承载能力、刚度和稳定性，以保证施工安全；③构造简单，装拆方便，能多次周转使用；④模板的接缝应严密，不漏浆；⑤模板与混凝土的接触面应涂隔离剂脱模。

（一）模板的基本类型

按制作材料，模板可分为木模板、钢模板、混凝土和钢筋混凝土预制模板。

按模板形状可分为平面模板和曲面模板。

按受力条件模板可分为承重模板和侧面模板。侧面模板按其支撑受力方式，又分为简支模板、悬臂模板和半悬臂模板。

按架立和工作特征，模板可分为固定式、拆移式、移动式和滑动式。固定式模板多用

于起伏的基础部位或特殊的异形结构，如蜗壳或扭曲面，因大小不等，形状各异，难以重复使用。拆移式、移动式和滑动式模板可重复或连续在形状一致或变化不大的结构上使用，有利于实现标准化和系列化。

1. 拆移式模板

拆移式模板适应于浇筑块表面为平面的情况，可做成定型的标准模板，其标准尺寸，大型的为 100cm×（325～525）cm，小型的为（75～100）cm×150cm。前者适用于 3～5m 高的浇筑块，须小型机具吊装；后者用于薄层浇筑，可人力搬运。

平面木模板由面板、加劲肋和支架三个基本部分组成。加劲肋（板样肋）把面板联结起来，并由支架安装在混凝土浇筑块上。

架立模板的支架，常用围图和桁架梁。桁架梁多用方木和钢筋制作。立模时，将桁架梁下端插入预埋在下层混凝土块内 U 形埋件中。当浇筑块薄时，上端用钢拉条对拉；当浇筑块大时，则采用斜拉条固定，以防模板变形。钢筋拉条直径大于 8mm，间距为 1～2m，斜拉角度为 30°～45°。

悬臂钢模板由面板、支撑柱和预埋联结件组成 U 面板，采用定型组合钢模板拼装或直接用钢板焊制。支撑模板的立柱有型钢梁和钢桁架两种，视浇筑块高度而定。预埋在下层混凝土内的联结件有螺栓式和插座式（U 形铁件）两种。

悬臂钢模板其支撑柱由型钢制作，下端伸出较长，并用两个接点锚固在预埋螺栓上，可视为固结。立柱上部不用拉条，以悬臂作用支撑混凝土侧压力及面板自重。

采用悬臂钢模板，由于仓内无拉条，模板整体拼装为大体积混凝土机械化施工创造了有利条件。且模板本身的安装比较简单，重复使用次数高（可达 100 多次）。但模板重量大（每块模板重 0.5～2t），需要起重机配合吊装。由于模板顶部容易移位，故浇筑高度受到限制，一般为 1.5～2m。用钢桁架做支撑柱时，高度也不宜超过 3m。

此外，还有一种半悬臂模板，常用高度有 3.2m 和 2.2m 两种。半悬臂模板结构简单，装拆方便，但支撑柱下端固结程度不如悬臂模板，故仓内需要设置短拉条，对仓内作业有影响。

一般标准大模板的重复利用次数即周转率为 5～10 次，而钢木混合模板的周转率为 30～50 次，木材消耗减少 90% 以上。由于是大块组装和拆卸，故劳力、材料、费用大为降低。

2. 移动式模板

对定型的建筑物，根据建筑物外形轮廓特征，做一段定型模板，在支撑钢架上装上行驶轮，沿建筑物长度方向铺设轨道分段移动，分段浇筑混凝土。移动时，只须将顶推模板的花篮螺丝或千斤顶收缩，使模板与混凝土面脱开，模板即可随同钢架移动到拟浇混凝土的部位，再用花篮螺丝或千斤顶调整模板至设计浇筑尺寸。移动式模板多用钢模板，作为浇筑混凝土墙和隧洞混凝土衬砌使用。

3. 自升式模板

这种模板的面板由组合钢模板安装而成，桁架、提升柱由型钢、钢管焊接而成。这种模板的突出优点是自重轻，自升电动装置具有力矩限制与行程控制功能，运行安全可靠，升程准确。模板采用插挂式锚钩，简单实用，定位准，拆装快。

4. 滑动式模板

滑动式模板是在混凝土浇筑过程中，随浇筑而滑移（滑升、拉升或水平滑移）的模板，简称滑模，以竖向滑升应用最广。

滑升式模板是先在地面上按照建筑物的平面轮廓组装一套 1.0~1.2m 高的模板，随着浇筑层的不断上升而逐渐滑升，直至完成整个建筑物计划高度内的浇筑。

滑模施工可以节约模板和支撑材料，加快施工进度，改善施工条件，保证结构的整体性，提高混凝土表面质量，降低工程造价。其缺点是滑模系统一次性投资大，耗钢量大，且保温条件差，不宜于低温季节使用。

滑模施工最适于断面形状尺寸沿高度基本不变的高耸建筑物，如竖井、沉井、墩墙、烟囱、水塔、筒仓、框架结构等的现场浇筑，也可用于大坝溢流面、双曲线冷却塔及水平长条形规则结构、构件施工。

滑升模板由模板系统、操作平台系统和液压支撑系统三部分组成。模板系统包括模板、围圈和提升架等。模板多用钢模或钢木混合模板，其高度取决于滑升速度和混凝土达到出模强度（0.05~0.25MPa）所需的时间，一般高 1.0~1.2m。为减小滑升时与混凝土间的摩擦力，应将模板自下向上稍向内倾斜，做成单面 0.2%~0.5% 模板高度的正锥度。围圈用于支撑和固定模板，上下各布置一道，它承受由模板传来的水平侧压力和由滑升摩阻力、模板与圈梁自重、操作平台自重及其上的施工荷载产生的竖向力，多用角钢或槽钢制成。如果围圈所受的水平力和竖向力很大，也可做成平面桁架或空间桁架，使其具有大的承载力和刚度，防止模板和操作平台出现超标准的变形。提升架的作用是固定围圈，把模板系统和操作平台系统连成整体，承受整个模板和操作平台系统的全部荷载，并将竖向荷载传递给液压千斤顶。提升架一般用槽钢做成，由双柱和双梁组成"开"形架，立柱有时也采用方木制作。

操作平台系统包括操作平台和内外吊脚手，可承放液压控制台，临时堆存钢筋或混凝土，以及作为修饰刚刚出模的混凝土面的施工操作场所，一般为木结构或钢木混合结构。

液压支撑系统包括支撑杆、穿心式液压千斤顶、输油管路和液压控制台等，是使模板向上滑升的动力和支撑装置。

（1）支撑杆

支撑杆又称爬杆，它既是液压千斤顶爬升的轨道，又是滑模装置的承重支柱，承受施工过程中的全部荷载。

支撑杆的规格与直径要与选用的千斤顶相适应，目前使用的额定起重量为30kN的滚珠式卡具千斤顶，其支撑杆一般采用φ25mm的Q235圆钢。支撑杆应调直、除锈；当Ⅰ级圆钢采用冷拉调直时，冷拉率控制在3%以内。支撑杆的加工长度一般为3~5m，其连接方法可使用丝扣连接、榫接和剖口焊接。丝扣连接操作简单，使用安全可靠，但机械加工量大。榫接连接也有操作简单和机械加工量大的特点，滑升过程中易被千斤顶的卡头带起。采用剖口焊接时，接口处倘若略有偏斜或凸疤，则要用手提砂轮机处理平整，使能通过千斤顶孔道。当采用工具式支撑杆时，应用丝扣连接。

（2）液压千斤顶

滑模工程中所用的千斤顶为穿心液压千斤顶，支撑杆从其中心穿过。按千斤顶卡具形式的不同可分为滚珠卡具式和楔块卡具式。千斤顶的允许承载力，即工作起重量一般不应超过其额定起重量的1/2。

（3）液压控制台

液压控制台是液压传动系统的控制中心，主要由电动机、齿轮油泵、溢流阀、换向阀、分油器和油箱等组成。

液压控制台按操作方式的不同，可分为手动和自动两种控制形式。

（4）油路系统

油路系统是连接控制台到千斤顶的液压通路，主要由油管、管接头、分油器和截止阀等组成。

油管一般采用高压无缝钢管或高压耐油橡胶管，与千斤顶连接的支油管最好使用高压胶管，油管耐压力应大于油泵压力的1.5倍。

截止阀又称针形阀，用于调节管路及千斤顶的液体流量，以控制千斤顶的升差，一般设置于分油器上或千斤顶与油管连接处。

5. 混凝土及钢筋混凝土预制模板

混凝土及钢筋混凝土预制模板既是模板，也是建筑物的护面结构，浇筑后作为建筑物的外壳，不予拆除。素混凝土模板靠自重稳定，可作为直壁式模板，也可作为倒悬式模板。

钢筋混凝土模板既可作为建筑物表面的镶面板，也可作为厂房、空腹坝顶拱和廊道顶拱的承重模板。这样避免了高架立模，既有利于施工安全，又有利于加快施工进度，节约材料，降低成本。

预制混凝土和钢筋混凝土模板质量较大，常需要起重设备起吊，所以在模板预制时都应预埋吊环供起吊用。对于不拆除的预制模板，对模板与新浇混凝土的结合面须进行凿毛处理。

（二）模板受力分析

模板及其支撑结构应具有足够的强度、刚度和稳定性，必须能承受施工中可能出现的各种荷载的最不利组合，其结构变形应在允许范围以内。模板及其支架承受的荷载分为基本荷载和特殊荷载两类。

1. 基本荷载

基本荷载包括：

（1）模板及其支架的自重，根据设计图确定。木材的密度，针叶类按 600kg/m³ 计算，阔叶类按 800kg/m³ 计算。

（2）新浇混凝土重量。通常可按 24~25kN/m³ 计算。

（3）钢筋重量。对一般钢筋混凝土，可按 1kN/m³ 计算。

（4）工作人员及浇筑设备、工具等荷载。计算模板及直接支撑模板的楞木时，可按均布活荷载 2.5kN/m² 及集中荷载 2.5kN 验算。计算支撑楞木的构件时，可按 1.5kN/m² 计；计算支架立柱时，可按 1kN/m² 计。

（5）振捣混凝土产生的荷载。可按 1kN/m² 计。

（6）新浇混凝土的侧压力。与混凝土初凝前的浇筑速度、捣实方法、凝固速度、坍落度及浇筑块的平面尺寸等因素有关，以前三个因素关系最密切。在振动影响范围内，混凝土因振动而液化，可按静水压力计算其侧压力，所不同者，只是用流态混凝土的容重取代水的容重。

2. 基本荷载组合

在计算模板及支架的强度和刚度时，应根据模板的种类，选择基本荷载组合。特殊荷载可按实际情况计算，如平仓机、非模板工程的脚手架、工作平台、混凝土浇筑过程中不对称的水平推力及重心偏移、超过规定堆放的材料等。

3. 承重模板及支架的抗倾稳定性验算

承重模板及支架的抗倾稳定性应按下列要求核算：

（1）倾覆力矩。应计算下列三项倾覆力矩，并采用其中的最大值：水荷载，按《建筑结构荷载规范》（GB 50009—2012）确定；实际可能发生的最大水平作用力；作用于承重模板边缘1.5kN/m的水平力。

（2）稳定力矩。模板及支架的自重，折减系数为0.8；如同时安装钢筋时，应包括钢筋的重量。

（3）抗倾稳定系数。抗倾稳定系数大于1.4。

模板的跨度大于4m时，其设计起拱值通常取跨度的0.3%左右。

（三）模板的制作、安装和拆除

1. 模板的制作

大中型混凝土工程模板通常由专门的加工厂制作，采用机械化流水作业，以利于提高模板的生产率和加工质量。

2. 模板的安装

模板安装必须按设计图纸测量放样，对重要结构应多设控制点，以利检查校正。模板安装好后，要进行质量检查；检查合格后，才能进行下一道工序。应经常保持足够的固定设施，以防模板倾覆。对于大体积混凝土浇筑块，成型后的偏差不应超过木模安装允许偏差的50%~100%，取值大小视结构物的重要性而定。水工建筑物混凝土木模安装的允许偏差，应根据结构物的安全、运行条件、经济和美观要求确定。

3. 模板的拆除

拆模的迟早直接影响混凝土质量和模板使用的周转率。施工规范规定，非承重侧面模板，混凝土强度应达到2.5MPa以上，其表面和棱角不因拆模而损坏时方可拆除。一般需2~7d，夏天2~4d，冬天5~7d。混凝土表面质量要求高的部位，拆模时间宜晚一些。而钢筋混凝土结构的承重模板，要求达到下列规定值（按混凝土设计强度等级的百分率计算）时才能拆模。

（1）悬臂板、梁。跨度<2m，70%；跨度>2m，100%。

（2）其他梁、板、拱。跨度<2m，50%；跨度2~8m，70%；跨度>8m，100%。

拆模的程序和方法：在同一浇筑仓的模板，按"先装的后拆，后装的先拆"的原则，按次序、有步骤地进行，不能乱撬。拆模时，应尽量减少对模板的损坏，以提高模板的周转次数。要注意防止大片模板坠落；高处拆组合钢模板，应使用绳索逐块下放，模板连接件、支撑件及时清理，收检归堆。

第二节 骨料的生产加工与混凝土的制备

一、骨料的生产加工

混凝土由 90% 的砂石料构成，每立方米混凝土需近 $1.5m^3$ 的松散砂石料，大中型水利水电工程，不仅对砂石料的需要量相当大、质量要求高，而且往往需要施工单位自行制备。因此，正确组织砂石料生产，是一项十分重要的工作。

水利水电工程中骨料来源分为三种：

天然骨料：天然砂，砾石经筛分、冲洗而制成的混凝土骨料；

人工骨料：开采的石料经过破碎、筛分、冲洗而制成的混凝土骨料；

组合骨料：以天然骨料为主，人工骨料为辅，配合使用的混凝土骨料。

当确定骨料来源时，应以就地取材为原则，优先考虑采用天然骨料。只有在当地缺乏天然骨料，或天然骨料中某一级骨料的数量和质量不合要求时，或综合开采加工运输成本高于人工骨料时，才考虑采用人工骨料。

骨料生产的基本过程和作业内容为：砂砾料及块石的开采，场内运输（装卸、运输），骨料加工（破碎、筛分、冲洗），成品堆存（堆料、装卸），成品料运输（装卸、运输）。对于组合骨料，可以分成两条独立的流水线，也可以在天然骨料生产过程中，辅以超径石的破碎和筛分，以补充短缺粒径的不足。

（一）料场的规划

料场的规划须考虑料场的分布、高程、骨料的质量、储量、天然级配、开采条件、加工要求、弃料多少、运输方式、运输距离、生产成本等多种因素。骨料料场的规划、优选，应通过全面技术经济论证。

1. 料场选择的原则

（1）满足水工混凝土对骨料的各项质量要求（包括骨料的强度、抗冻性、化学稳定性、颗粒形状、级配、杂质含量等）。

（2）储量大、质量好、开采季节长；主、辅料场应兼顾洪枯季节互为备用的要求；场地开阔、高程适宜。

（3）选择可采率高，天然级配与设计级配较为接近，用人工骨料调整级配数量少的料场。

（4）料场附近有足够的回车和堆料场地，且占用农田少。

（5）选择开采准备工作量小、施工简便的料场。

（6）优先考虑采用天然骨料。

如以上要求难以同时满足，应满足主要要求，即以满足质量、数量为基础，寻求开采、运输、加工成本费用低的方案，确定采用天然骨料、人工骨料还是组合骨料用料方案。若是组合骨料，则须确定天然和人工骨料的最佳搭配方案。

大型、高效、耐用的骨料加工机械普遍应用于大中型水利工程，人工骨料的成本接近甚至低于天然骨料。采用人工骨料尚有许多天然骨料生产不具备的优点，如级配可按需调整，质量稳定，管理相对集中，受自然因素影响小，有利于均衡生产，减少设备用量，减少堆料场地，同时尚可利用有效开挖料。因此，采用人工骨料或用机械加工骨料搭配的工程越来越多。

2. 开采量的确定

当采用天然骨料时，应确定砂砾料的开采量。由于砂砾料的天然级配（即各级骨料筛分后的百分比含量，由料场筛分试验测定）与混凝土骨料需要的级配（由配合比设计确定）往往不一致，因此，不仅砂砾料开采总量要满足要求，而且每一级骨料的开采量也要满足相应的要求。

3. 砂石骨料的储存

骨料堆场的任务是储备一定数量的砂石料，以适应骨料生产与需求之间的不平衡，即解决骨料的供求矛盾。

骨料堆存分毛料堆存与成品堆存两种。毛料堆存的作用是调节毛料开采、运输与加工之间的不均衡性；成品堆存的作用是调节成品生产、运输和混凝土拌和之间的不均衡性，保证混凝土生产对骨料的需要。

骨料堆场的种类分为毛料堆存、半成品料堆存和成品料堆存。

骨料储量多少，主要取决于生产强度和管理水平。一般可按高峰月平均值的 50% ~ 80% 考虑，汛期、冰冻期停采时须按停采期骨料需要量外加 20% 裕度校核。

成品砂石料应有 3d 以上的堆存时间，以利脱水。故成品堆场的容量，还应满足砂石料自然脱水要求。

（1）骨料堆存方式

台阶式料仓：在料仓底部设有出料廊道，骨料通过卸料闸门卸在皮带机上运出。

堆料机料仓：采用双悬臂或动臂堆料机沿土堤上铺设的轨道行驶，有悬臂皮带机送料扩大堆料范围，沿程向两侧卸料。

（2）骨料堆存中的质量控制

骨料应堆放在坚硬的地面上，防止料堆下层对骨料的污染。料堆底部的排水设施应保持完好，砂料要有足够（3d以上）的脱水时间，使砂料在进入拌和楼前表面含水率降低在5%以下。

防止跌碎和分离是骨料堆存质量控制的首要任务，为此尽量减少骨料的转运次数和降低自由跌落高度（一般应控制在2.5m以内），以防骨料分离和粒径含量过高。堆料时应分层堆料，逐层上升。

不同粒径的骨料应用适当的墙体分开，或料堆之间留有足够的空间，使料堆之间不致混淆。

（二）骨料加工

从料场开采的混合砂砾料或块石，通过破碎、筛分、冲洗等加工过程，制成符合级配、除去杂质的各级粗、细骨料。

1. 破碎

为了将开采的石料破碎到规定的粒径，往往需要经过几次破碎才能完成。因此，通常将骨料破碎过程分为粗碎（将原石料破碎到300～70mm）、中碎（破碎到70～20mm）和细碎（20～1mm）三种。

水利水电工程工地常用的破碎设备有颚式破碎机、旋回破碎机、圆锥破碎机、反击式破碎机和立轴式冲击破碎机。

（1）颚式破碎机

颚式破碎机的破碎槽由两块颚板（一块固定，另一块可以摆动）构成，颚板上装有可以更换的齿状钢板。工作时，由传动装置带动偏心轮作用，使活动颚板左右摆动，破碎槽即可一开一合，将进入的石料轧碎，从下端出料口漏出。

颚式破碎机是最常用的粗碎设备，其优点是结构简单、自重较轻、价格便宜、外形尺寸小、配置高度低，进料尺寸大，排料口开度容易调整；缺点是衬板容易磨损，产品中针片状含量较高，处理能力较低，一般须配置给料设备。

（2）旋回破碎机

旋回破碎机可作为颚破后第二阶段破碎，也可直接用于一破，是常用的粗碎设备。其优点是处理能力大，产品粒形较颚式好，可挤满给料，进料无须配给料设备；缺点是结构较颚式破碎机复杂，自重大，机体高，价格贵，维修复杂，土建工程量大。排料要设缓冲仓和专用设备。

（3）圆锥破碎机

①传统圆锥破碎机。它是最常用的二破和三破设备，有标准、中型、短头三种腔型，弹簧和液压两种形式。它的破碎室由内、外锥体之间的空隙构成。活动的内锥体装在偏心主轴上，外锥体固定在机架上。工作时，由传动装置带动主轴旋转，使内锥体作偏心转动，将石料碾压破碎，并从破碎室下端出料槽滑出。

传统锥式破碎机工作可靠，磨损轻，效率高，产品粒径均匀。但其结构和维修较复杂，机体高，价格较高，破碎产品中针片状含量较高。

②高性能圆锥破碎机。它与传统圆锥破碎机相比，破碎能力大为提高，可挤满给料，产品粒形很好，有更多的腔型变化，以适应中碎、细碎、制砂等各工序以及各种不同的生产要求，操作更为方便可靠，但价格高。

（4）反击式破碎机

反击式破碎机有单转子、双转子、联合式三种形式。我国主要生产和应用前两种形式。

反击式破碎机主要工作部件是转子和反击板。其破碎机理属冲击破碎，主要借固定在转子上的打击板，高速冲击被破碎物料，使其沿薄弱部分（层理、节理等）进行选择性破碎。还通过被冲击料块，从打击处获得的动能，向反击板进行二次主动冲击，以及料块在破碎腔内的互击，经过打击破碎、反弹破碎、互撞破碎、饨削破碎四个主要过程反复进行，直至物料粒度小于打击板与反击板间缝时被卸出。其优点是破碎率大（一般为20%左右，最大达50%~60%），产品好，产量高，能耗低，结构简单，适于破碎中硬岩石，用于中细碎机制砂。缺点是板锤和衬板容易磨损，更换和维修工作量大，产品级配不易控制，容易产生过粉碎。

2．骨料筛分

分级方法有水力筛分和机械筛分两种。前者利用骨料颗粒大小不同、水力粗度各异的特点进行分级，适用于细骨料；后者利用机械力作用经不同孔眼尺寸的筛网对骨料进行分级，适用于粗骨料。

（1）偏心振动筛

偏心振动筛又称为偏心筛。它主要由固定机架、活动筛架、筛网、偏心轴及电动机等组成。筛网的振动，是利用偏心轴旋转时的惯性作用。偏心轴安装在固定机架上的一对滚珠轴承中，由电动机通过皮带轮带动，可在轴承中旋转。活动筛架通过另一对滚珠轴承悬装在偏心轴上。筛架上装有两层不同筛孔的筛网，可筛分三级不同粒径的骨料。

当偏心轴旋转时，出于偏心作用，筛架和筛网也就跟着振动，从而使筛网上的石块向前移动，并且向上跳动和向下筛落。

由于筛架与固定机架之间是通过偏心轴刚性相连的，故将同时发生振动。为了减轻对固定机架的振动，在偏心轴两端还安装有与轴偏心方向成180°的平衡块。

偏心筛的特点是刚件振动，振幅固定（3~6mm），不因来料多少而变化，也不易因来料过多而堵塞筛孔，其振动频率为840~1 200次/min。偏心筛适用于筛分粗、中骨料，常用来完成第一道筛分任务。

（2）惯性振动筛

惯性振动筛又称为惯性筛。它的偏心轴（带偏心块的旋转轴）安装在活动筛架上，利用马达带动旋转轴上的偏心块，产生离心力而引起筛网振动。

惯性筛的特点是弹性振动，振幅大小将随来料多少而变化，容易因来料多而堵塞筛孔，故要求来料均匀。其振幅为1.6~6mm，振动频率为1 200~2 000次/min。适用于中、细颗粒筛分。

（3）高效振动筛分机

目前，国外广泛采用高效、编织网筛面的振动筛进行砂石加工厂的分级处理。其优点是石料在筛网面上可以迅速均匀地散开，而筛网采用钢丝编织的网，其开孔率较目前国内普遍采用的橡胶网与聚胺酯网高出30%~50%，因而效率高于普通型振动筛。

3. 洗砂

洗砂常用的设备是螺旋式洗砂机。它是一个倾斜安放的半圆形洗砂槽，槽内装有1~2根附有螺旋叶片的旋转主轴。斜槽以18°~20°的倾斜角安放，低端进砂，高端进水。由于螺旋叶片的旋转，使被洗的砂受到搅拌，并移向高端出料门。洗涤水则不断从高端通入，污水从低端的溢水口排出。

经水力分级后的砂含水率往往高达17%~24%，必须经脱水方可使用。成品砂的含水率应稳定在6%以下，因此必须在水力分级设备后加机械脱水设备。二滩工程采用的是圆盘式真空脱水筛，高频振动脱水筛通过负压吸水及振动脱水联合作用，达到脱水效果，可控制砂含水率在10%~12%。江垭工程采用多折线式直线振动脱水筛，与圆盘式真空脱水筛相比较，占地面积小，结构简单，不需要设置真空系统。

4. 骨料加工厂

大规模的骨料加工，常将加工机械设备按工艺流程布置成骨料加工工厂。其布置原则是，充分利用地形，减少基建工程量；有利于及时供料，减少弃料；成品获得率高，通常要求达到85%~90%。当成品获得率低时，应考虑利用弃料二次破碎，构成闭路生产循环。

在粗碎时多为开路，在中、细碎时采用闭路循环。

以筛分作业为主的加工厂称为筛分楼，其布置常用皮带机送料上楼，经两道振动筛筛分出五种级配骨料，砂料则经沉砂箱和洗砂机清洗为成品砂料，各级骨料由皮带机送至成品料堆堆存。骨料加工厂宜尽可能靠近混凝土系统，以便共用成品堆料场。

二、混凝土的制备

（一）混凝土配料

混凝土制备的过程包括贮料、供料、配料和拌和，配料是按混凝土配合比要求，称准每次拌和的各种材料用量。配料的精度直接影响混凝土质量。

混凝土配料要求采用重量配料法，即是将砂、石、水泥、掺合料按重量计量，水和外加剂溶液按重量折算成体积计量。施工规范对配料精度（按重量百分比计）的要求是：水泥、掺合料、水、外加剂溶液为±1%，砂石料为±2%。

设计配合比中的加水量根据水灰比计算确定，并以饱和面干状态的砂子为标准。由于水灰比对混凝土强度和耐久性影响极为重大，绝不能任意变更。施工采用的砂子，其含水量又往往较高，在配料时采用的加水量，应扣除砂子表面含水量及外加剂中的水量。

1. 给料设备

给料是将混凝土各组分从料仓按要求供到称料料斗。给料设备的工作机构常与称量设备相连，当需要给料时，控制电路开通，进行给料。当计量达到要求时，即断电停止给料。常用的给料设备有：皮带给料机、电磁振动给料机、叶轮给料机和螺旋给料机。

2. 混凝土配料

混凝土配料称量的设备称为配料器，按所称料物的不同，可分为骨料配料器、水泥配料器和量水器等。骨料配料器主要有：简易称量（地磅）、电动磅秤、自动配料杠杆秤、电子秤。

（1）简易称量

当混凝土拌制量不大，可采用简易称量方式。地磅称量，是将地磅安装在地槽内，用手推车装运材料推到地磅上进行称量。这种方法最简便，但称量速度较慢。台秤称量需要配置称料斗、贮料斗等辅助设备。

（2）自动配料杠杆秤

自动配料杠杆秤带有配料装置和自动控制装置。自动化水平高，可做砂、石的称量，精度较高。

（3）电子秤

电子秤是通过传感器承受材料重力拉伸，输出电信号在标尺上指出荷重的大小，当指针与预先给定数据的电接触点接通时，即断电停止给料。其称量更加准确，精度可达99.5%。

自动配料杠杆秤和电子秤都属于自动化配料器，装料、称量和卸料的全部过程都是自动控制的。自动化配料器动作迅速，称量准确，在混凝土拌和楼中应用很广泛。

（4）配水箱及定量水表

水和外加剂溶液可用配水箱和定量水表计量。配水箱是搅拌机的附属设备，可利用配水箱的浮球刻度尺控制水或外加剂溶液的投放量。定量水表常用于大型搅拌楼，使用时将指针拨至每盘搅拌用水量刻度上，按电钮即可送水，指针也随进水量回移，至零位时电磁阀即断开停水。此后，指针能自动复位至设定的位置。

称量设备一般要求精度较高，而其所处的环境粉尘较大，因此应经常检查调整，及时清除粉尘。一般要求每班检查一次称量精度。

（二）混凝土的拌和

1. 混凝土拌和机械

混凝土拌和由混凝土拌和机进行，按照拌和机的工作原理，可分为自落式、强制式和涡流式三种。自落式分为锥形反转出料和锥形倾翻出料两种形式；强制式分为涡浆式、行星式、单卧轴式和双卧轴式。

（1）自落式混凝土搅拌机

自落式混凝土搅拌机是通过筒身旋转，带动搅拌叶片将物料提高，在重力作用下物料自由坠下，反复进行，互相穿插、翻拌、混合使混凝土各组分搅拌均匀。

锥形反转出料搅拌机滚筒两侧开口，一侧开口用于装料，另一侧开口用于卸料。其正转搅拌，反转出料。由于搅拌叶片呈正、反向交叉布置，拌和料一方面被提升后靠自落进行搅拌，另一方面又被迫沿轴向左右窜动，搅拌作用强烈。

锥形反转出料搅拌机，主要由上料装置、搅拌筒、传动机构、配水系统和电气控制系统等组成。当混合料拌好以后，可通过按钮直接改变搅拌筒的旋转方向，拌和料即可经出料叶片排出。

锥形反转出料拌和机构造简单，装拆方便，使用灵活，如装上车轮便成为移动式拌和机。但容量较小（400~800L），生产率不高，多用于中小型工程，或大型工程施工初期。

双锥形倾翻出料搅拌机进出料在同一口，出料时由气动倾翻装置使搅拌筒下旋50°~

60°，即可将物料卸出。双锥形倾翻出料搅拌机卸料迅速，拌筒容积利用系数高，拌和物的提升速度低，物料在拌筒内靠滚动自落而搅拌均匀，能耗低，磨损小，能搅拌大粒径骨料混凝土。双锥形拌和机容量较大，有800L、1 000L、1 600L、3 000L等，拌和效果好、间歇时间短、生产率高，主要用于大体积混凝土工程。

（2）强制式混凝土搅拌机

强制式混凝土搅拌机一般筒身固定，搅拌机片旋转，对物料施加剪切、挤压、翻滚、滑动、混合使混凝土各组分搅拌均匀。

立轴强制式搅拌机是在圆盘搅拌筒中装一根回转轴，轴上装有拌和铲和刮板，随轴一同旋转。它用旋转着的叶片，将装在搅拌筒内的物料强行搅拌使之均匀。涡桨强制式搅拌机由动力传动系统、上料和卸料装置、搅拌系统、操纵机构和机架等组成。

单卧轴强制式混凝土搅拌机的搅拌轴上装有两组叶片，两组推料方向相反，使物料既有圆周方向运动，也有轴向运动，因而能形成强烈的物料对抗，使混合料能在较短的时间内搅拌均匀。它由搅拌系统、进料系统、卸料系统和供水系统等组成。此外，还有双卧轴式搅拌机。

强制式拌和机的特点是拌和时间短，混凝土拌和质量好，对水灰比和稠度的适应范围广。但当拌和大骨料、多级配、低坍落度碾压混凝土时，搅拌机叶片、衬板磨损快、耗量大、维修困难。

（3）涡流式混凝土搅拌机

涡流式搅拌机具有自落式和强制式搅拌机的优点，靠旋转的涡流搅拌筒，由侧面的搅拌叶片将骨料提升，然后沿着搅拌筒内侧将骨料运送到强搅拌区，中搅拌轴上的叶片在逆向流中，对骨料进行强烈的搅拌，而不致在筒体内衬上摩擦。这种搅拌机叶片与搅拌筒筒底及筒壁的间距较大，可防卡料，具有能耗低、磨损小、维修方便等优点。但混凝土拌和不够均匀，不适合搅拌大骨料，因此未广泛使用。

2．混凝土拌和楼和拌和站

混凝土拌和楼的生产率高，设备配套，管理方便，运行可靠，占地少，故在大中型混凝土工程中应用较普遍；而中小型工程、分散工程或大型工程的零星部位，通常设置拌合站。

（1）拌和楼

拌和楼通常按工艺流程进行分层布置，各层由电子传动系统操作，分为进料、贮料、配料、拌和及出料共五层，其中配料层是全楼的控制中心，设有主操纵台。

水泥、掺合料和骨料，用皮带机和提升机分别送到贮料层的分格料仓内，料仓有5~6

格装骨料，有 2~3 格装水泥和掺合料。每格料仓下装有配料斗和自动秤，称好的各种材料汇入集料斗内，再用回转式给料器送入待料的拌和机内。拌和用水则由自动量水器量好后，直接注入拌和机。拌好的混凝土卸入出料层的料斗，待运输车辆就位后，开启气动弧门出料。

（2）拌和站

拌和站是由数台拌和机联合组成。拌和机数量不多，可在台地上呈一字形排列布置；而数量较多的拌和机，则布置于沟槽路堑两侧，采用双排相向布置。拌和站的配料可由人工也可由机械完成，供料配料设施的布置应考虑进出料方向、堆料场地、运输线路布置。

3. 拌和机的投料顺序

采用一次投料法时，先将外加剂溶入拌和水，再按砂—水泥—石子的顺序投料，并在投料的同时加入全部拌和水进行搅拌。

采用二次投料法时，先将外加剂溶入拌和水中，再将骨料与水泥分二次投料，第一次投料时加入部分拌和水后搅拌，第二次投料时再加入剩余的拌和水一并搅拌。实践表明，用二次投料拌制的混凝土均匀性好，水泥水化反应也充分，因此混凝土强度可提高 10% 以上。"全造壳法"就是二次投料法的一种实例，在同等强度下，采用"全造壳法"拌制混凝土，可节约水泥 15%；在水灰比不变的情况下，可提高强度 10%~30%。

第三节　混凝土运输、浇筑与养护

一、混凝土运输

（一）混凝土的水平运输

1. 无轨运输

在我国水利水电工程施工中，汽车运输因其操纵灵活、机动性大，能适应各种复杂的地形，已成为最广泛采用的运输工具。

土方运输一般采用自卸汽车。目前常用的车型有上海、黄河、解放、斯太尔和卡特等。随着施工机械化水平的不断提高，工程规模越来越大，国内外都倾向于采用大吨位重型和超重型自卸汽车，其载重量可达 60~100t 以上。

对于车型的选择方面，自卸汽车车厢容量，应与装车机械斗容相匹配。一般自卸汽车容量为挖装机械斗容的 3～5 倍较适合。汽车容量太大，其生产率就会降低，反之挖装机械生产率降低。

对于施工道路，要求质量优良，加强经常性养护，可提高汽车运输能力和延长汽车使用年限；汽车道路的路面应按工程需要而定，一般多为泥结碎石路面，运输量及强度大的可采用混凝土路面。对于运输线路的布置，一般是双线式和环形式，应依据施工条件、地形条件等具体情况确定，但必须满足运输量的要求。

2. 有轨运输

水利水电工程施工中所用的有轨运输，除巨型工程以外，其他工程均为窄轨铁路。窄轨铁路的轨距有 1 000mm、762mm、610mm 几种。轨距为 1 000mm 和 762mm，窄轨铁路的钢轨质量为 11～18kg/m，其上可行驶 3m³、6m³、15m³ 可倾翻的车厢，用机车牵引。轨距 610mm 的钢轨质量为 8kg/m，其上可行驶 1.5～1.6m³ 可倾翻的铁斗车，可用人力推运或电瓶车牵引。

铁路运输的线路布置方式，有单线式、单线带岔道式、双线式和环形式四种。线路布置及车型应根据工程量的大小、运输强度、运距远近以及当地地形条件来选定。需要指出的是，随着大吨位汽车的发展和机械化水平的提高，目前国内水电工程一般多采用无轨运输方式，仅在一些有特殊条件限制的情况下才考虑采用有轨运输（如小断面隧洞开挖运输）。若选用有轨运输，为确保施工安全，工人只许推车不许拉车，两车前后应保持一定的距离。当坡度为小于 0.5% 的下坡道时，不得小于 10m；当坡度为大于 0.5% 的下坡道或车速大于 3m/s 时，不得小于 30m。每一个工人在平直的轨道上只能推运重车一辆。

3. 皮带机运输

皮带机是一种连续式运输设备，适用于地形复杂、坡度较大、通过地形较狭窄和跨越深沟等情况，特别适用于运输大量的粒状材料。

按皮带机能否移动，可分为固定式和移动式两种。固定式皮带机，没有行走装置，多用于运距长而路线固定的情况。移动式皮带机则有行走装置，一般长 5～15m，移动方便，适用于需要经常移动的短距离运输。按承托带条的托辊分，有水平和槽形两种形式，一般常用槽形。皮带宽度有 300mm、400mm、500mm、650mm、800mm、1 000mm、1 200mm、1 400mm、1 600mm 等几种。其运行速度一般为 1～2.5m/s。

（二）混凝土的垂直运输

1. 门式起重机

门式起重机（门机）是一种大型移动式起重设备。它的下部为一钢结构门架，门架底部装有车轮，可沿轨道移动。门架下有足够的净空，能并列通行两列运输混凝土的平台列车。门架上面的机身包括起重臂、回转工作台、滑轮组（或臂架连杆）、支架及平衡重等。整个机身可通过转盘的齿轮作用，水平回转360°。该机运行灵活、移动方便，起重臂能在负荷下水平转动，但不能在负荷下变幅。变幅是在非工作时，利用钢索滑轮组使起重臂改变倾角来完成。

2. 塔式起重机

塔式起重机（简称塔机）是在门架上装置高达数十米的钢架塔身，用以增加起吊高度。其起重臂多是水平的，起重小车钩可沿起重臂水平移动，用以改变起重幅度。

3. 缆式起重机

缆式起重机（简称缆机）由一套凌空架设的缆索系统、起重小车、主塔架、副塔架等组成。主塔内设有机房和操纵室，并用对讲机和工业电视与现场联系，以保证缆机的运行。

缆索系统为缆机的主要组成部分，它包括承重索、起重索、牵引索和各种辅助索。承重索两端系在主塔和副塔的顶部，承受很大的拉力，通常用高强钢丝束制成，是缆索系统中的主索，起重索用于垂直方向升降起重钩，牵引索用于牵引起重小车沿承重索移动。

缆机的类型，一般按主、副塔的移动情况划分，有固定式、平移式和辐射式三种。主、副塔都固定的，称固定式缆机。主、副塔都可移动的称平移式。副塔固定，主塔沿弧形轨道移动者，称辐射式。

缆机适用于狭窄河床的混凝土坝浇筑，它不仅具有控制范围大、起重量大、生产率高的特点，而且能提前安装和使用，使用期长，不受河流水文条件和坝体升高的影响，对加快主体工程施工具有明显的作用。

4. 履带式起重机

履带式起重机多由开挖石方的挖掘机改装而成，直接在地面上开行，无需轨道。它的提升高度不大，控制范围比门机小。但起重量大、转移灵活、适应工地狭窄的地形，在开工初期能及早投入使用，生产率高。该机适用于浇筑高程较低的部位。

（三）混凝土连续运输

1. 泵送混凝土

在工作面狭窄的地方施工，如隧洞衬砌、导流底孔封堵等，常采用混凝土泵及其导管输送混凝土。

常用混凝土泵的类型有电动活塞式和风动输送式两种。

（1）活塞式混凝土泵

其工作原理是柱塞在活塞缸内做往返运动，将承料斗中的混凝土吸入并压出，经管道送至浇筑仓内。

活塞式混凝土泵的输送能力有 $15m^3/h$、$20\ m^3/h$、$40\ m^3/h$ 等三种。其最大水平运距可达 300m，或垂直升高 40m，导管管径 150~200mm，输送混凝土骨料最大粒径为 50~70mm。

目前，在使用活塞式混凝土泵的过程中，要注意防止导管堵塞和泵送混凝土料的特殊要求。一般在泵开始工作时，应先压送适量的水泥砂浆以润滑管壁；当工作中断时，应每隔 5min 将泵转动 2~3 圈；如停工 0.5~1h 以上，应及时清除泵和导管内的混凝土，并用水清洗。

泵送混凝土最大骨料粒径不大于导管内径的 1/3，不允许有超径骨料，坍落度以 8~14cm 为宜，含砂率应控制在 40% 左右，每 $1m^3$ 混凝土的水泥用量不少于 250~300kg。

（2）风动输送混凝土泵

以泵为主要设备的整套风动输送装置，泵的压送器是由钢板焊成的梨形罐，可承受 1500kPa 的气压。工作时，利用压缩空气（气压为 640~800kPa）将密闭在罐内的混凝土料压入输送管内，并沿管道吹送到终端的减压器，降低速度和压力、改变运动方向后喷出管口。

风动输送是一种间歇性作业，每次装入罐内的混凝土量约为罐容积的 80%。其水平运距可达 350m，或垂直运距 60m，生产率可达 $50m^3/h$。整套风动装置可安装在固定的机架上或移动的车架上。风动输送泵对混凝土配合比的要求，基本上与活塞式混凝土泵相同。

2. 塔带机

皮带机浇筑混凝土往往在运输和卸料时容易产生分离及严重的砂浆损失现象，而难以满足混凝土质量要求，使其应用受到很大限制，过去一般多用来运输碾压混凝土。近年美国罗泰克公司对皮带机进行了较大改革，特别是墨西哥惠特斯大坝第一次成功地应用 3 台罗泰克塔带机为主浇筑混凝土，使皮带机浇筑混凝土进入了一个新阶段。

塔带机是集水平运输与垂直运输于一体，将塔机与皮带输送机有机结合的专用皮带机，要求混凝土拌和、水平供料、垂直运输及仓面作业一条龙配套，以提高效率。塔带机布置在坝内，要求大坝坝基开挖完成后快速进行塔带机系统的安装、调试和运行，使其尽早投入正常生产。

塔带机分为固定式和移动式，移动式又有轮胎式和履带式两种，以轮胎式应用较广。

塔带机是一种新型混凝土浇筑设备，它具有连续浇筑、生产率高、运行灵活等明显优势。但由于生产能力大、运行速度快、高速入仓，对仓面铺料、平仓的振捣也带来不利影响。在大坝浇筑四级配混凝土时，塔带机运送的混凝土高速入仓，下料点平仓机和振捣机往往无法跟上。另外，布料皮带移动缓慢，入仓混凝土易形成较高料堆，大骨料分离滚至坡脚集中，待停止下料后才能将表面集中的大骨料清走，而内部集中的大骨料往往难以清除，从而造成局部架空隐患。因此，采用塔带机浇筑四级配混凝土对运输和浇筑工艺须做进一步改进，以待完善。

二、混凝土的浇筑与养护

（一）混凝土的浇筑

混凝土浇筑的施工过程包括浇筑前的准备作业、入仓铺料、平仓振捣三个工序。

1. 浇筑前的准备工作

混凝土浇筑前准备工作的主要项目有基础面处理、施工缝处理、模板、钢筋的架设、预埋件及观测设备的埋设、浇筑前的检查验收等。

（1）基础面处理

土基应先将开挖基础时预留下来的保护层挖除，并清除杂物，然后用碎石垫底，盖上湿砂，再进行压实，浇8~12cm厚素混凝土垫层。砂砾地基应清除杂物，整平基础面，并浇筑10~20cm厚素混凝土垫层。

对于岩基，一般要求清除到质地坚硬的新鲜岩面，然后进行整修。整修是用铁锹等工具去掉表面松软岩石、棱角和反坡，并用高压水冲洗，压缩空气吹扫。若岩面上有油污、灰浆及其粘结的杂物，还应采用钢丝刷反复刷洗，直至岩面清洁。最后，再用风吹至岩面无积水。清洗后的岩基在混凝土浇筑前应保持洁净和湿润。经检验合格，才能开仓浇筑。

（2）施工缝处理

施工缝是指浇筑块之间新老混凝土之间的结合面，为了保证建筑物的整体性，在新混凝土浇筑前，必须将老混凝土表面的水泥膜（又称乳皮）清除干净，并使其表面为新鲜整洁、有石子半露的麻面，以利于新老混凝土的紧密结合。但对于要进行接缝灌浆处理的纵缝面，可不凿毛，只须冲洗干净即可。

（3）仓面准备

浇筑仓面的准备工作：包括机具设备、劳动组合、照明、风水电供应、所需混凝土原材料的准备等，应事先安排就绪，仓面施工的脚手架、工作平台、安全网、安全标识等应检查是否牢固，电源开关、动力线路是否符合安全规定。

（4）模板、钢筋及预埋件检查

开仓浇筑前，必须按照设计图纸和施工规范的要求，对仓面安设的模板、钢筋及预埋件进行全面检查验收，签发合格证。

①模板检查。主要检查模板的架立位置与尺寸是否准确，模板及其支架是否牢固稳定，固定模板用的拉条是否弯曲等。模板板面要求洁净、密缝并涂刷脱模剂。

②钢筋检查。主要检查钢筋的数量、规格、间距、保护层、接头位置与搭接长度是否符合设计要求。要求焊接或绑扎接头必须牢固，安装后的钢筋网应有足够的刚度和稳定性，钢筋表面应清洁。

③预埋件检查。对预埋管道、止水片、止浆片、预埋铁件、冷却水管和预埋观测仪器等，主要检查其数量、安装位置和牢固程度。

2. 混凝土入仓

（1）自卸汽车转溜槽、溜筒入仓

自卸汽车转溜槽、溜筒入仓适用于狭窄、深坑混凝土回填。斜溜槽的坡度一般在 1:1 左右。混凝土的坍落度一般为 6cm 左右。溜筒长度一般不超过 15m，混凝土自由下落高度不大于 2m。每道溜槽控制的浇筑宽度 4~6m。这种入仓方式准备工作量大，需要和易性好的混凝土，以便仓内操作，所以这种混凝土入仓方式多在特殊情况下使用。

（2）吊罐入仓

使用起重机械吊运混凝土罐入仓是目前普遍采用的入仓方式，其优点是入仓速度快、使用方便灵活、准备工作量少、混凝土质量易保证。

（3）汽车直接入仓

自卸汽车开进仓内卸料，它具有设备简单、工效高、施工费用较低等优点。在混凝土起吊运输设备不足，或施工初期尚未具备安装起重机条件的情况下，可使用这种方法。这种方法适用于浇筑铺盖、护坦、海漫和闸底板以及大坝、厂房的基础等部位的混凝土。常用的方式有端进法和端退法。

3. 混凝土铺料

混凝土入仓铺料多采用平层浇筑法，逐层连续铺填。由于设备能力所限，可采用斜层浇筑和阶梯浇筑。

（1）平层浇筑法

采用平层浇筑法时，对于闸、坝工程的迎水面仓位，铺料方向要与坝轴线平行。

基岩凹凸不平或混凝土工作缝在斜坡上的仓位，应由低到高铺料；先行填坑，再按顺序铺料。

采用履带吊车浇筑的一般仓位，按履带吊车行走方便的方向铺料。

有廊道、钢管或埋件的仓位，卸料时，廊道、钢管两侧要均衡上升，其两侧高差不得超过铺料的层厚（一般为30~50cm）。

混凝土的铺料厚度应以混凝土入仓速度、铺料允许间隔时间和仓位面积大小决定。仓内劳动组合、振捣器的工作能力、混凝土和易性等都要满足混凝土浇筑的需要。

（2）阶梯浇筑法

阶梯浇筑法的铺料顺序是从仓位的一端开始，向另一端推进，并以台阶形式，边向前推进，边向上铺筑，直至浇筑到规定的厚度，把全仓浇完。阶梯浇筑法的最大优点是缩短了混凝土上、下层的间歇时间；在铺料层数一定的情况下，浇筑块的长度可不受限制。即适用大面积仓位的浇筑，也适用于通仓浇筑。阶梯浇筑法的尾数以3~5层为宜，阶梯长度不小于3m。

（3）斜层浇筑法

当浇筑仓面大，混凝土初凝时间短，混凝土拌和、运输、浇筑能力不足时，可采用斜层浇筑法。斜层浇筑法由于平仓和振捣使砂浆容易流动和分离。为此，应使用低流态混凝土，浇筑块高度一般限制在1~1.5m以内，同时应控制斜层的层面斜度不大于10°。

无论采用哪一种浇筑方法，都应保持混凝土浇筑的连续性。如相邻两层浇筑的间歇时间超过混凝土的初凝时间，将出现冷缝，造成质量事故。此时应停止浇筑，并按施工缝处理。

4. 平仓

平仓就是把卸入仓内成堆的混凝土铺平到要求的均匀厚度。

（1）人工平仓

人工平仓的适用范围：

①在靠近模板和钢筋较密的地方，用人工平仓、使石子分布均匀。

②水平止水、止浆片底部要用人工送料填满，严禁料罐直接下料，以免止水、止浆片卷曲和底部泥凝土架空。

③门槽、机组埋件等二期混凝土。

④各种预埋仪器周围用人工平仓，防止仪器位移和损坏。

（2）振捣器平仓

振捣器平仓工作量，主要根据铺料厚度、混凝土坍落度和级配等因素而定。一般情况下，振捣器平仓与振捣的时间比，大约为1:3，但平仓不能代替振捣。

（3）机械平仓

大体积混凝土施工采用机械平仓较好，以节省人力和提高混凝土施工质量。闽江水电工程局研制的 PZ-50-1 型平仓振捣机，杭州机械设计研究所、上海水工机械厂试制的 PCY-50 型液压式平仓振捣机，可以在低流态和坍落度 7~9cm 以下的混凝土上操作，使用效果较好。为了便于使用平仓振捣机械，浇筑仓内不宜有模板拉条，应采用悬臂式模板。

5. 振捣

振捣的目的是使混凝土密实，并使混凝土与模板、钢筋及预埋件紧密结合，从而保证混凝土的最大密实性。振捣是混凝土施工中最关键的工序，应在混凝土平仓后立即进行。

混凝土振捣主要采用振捣器进行。其原理是利用振捣器产生的高频率、小振幅的振动作用，减小混凝土拌和物的内摩擦力和黏结力，从而使塑态混凝土液化、骨料相互滑动而紧密排列、砂浆空隙中空气被排出，以保证混凝土密实，并使液化后的混凝土填满模板内部的空间，且与钢筋紧密结合。

（1）振捣器的类型和应用

混凝土振捣器的类型，按振捣方式的不同，分为插入式、外部式、表面式和振动台等。其中外部式只适用于柱、墙等结构尺寸小且钢筋密的构件；表面式只适用于薄层混凝土的捣实（如渠道衬砌、道路、薄板等）；振动台多用于实验室。

插入式振捣器在水利水电工程混凝土施工中使用最多。它的主要形式有电动硬轴式、电动软轴式和风动式三种。硬轴振捣器构造比较简单，使用方便，其振动影响半径大（35~60cm），振捣效果好，故在水利工程的混凝土浇筑中应用最普遍。电动软轴式则用于钢筋密、断面比较小的部位；风动式的适用范围与电动硬轴式的基本相同，但耗风量大，振动频率不稳定，已逐渐被淘汰。

（2）振捣器的操作

用振捣器振捣混凝土，应在仓面上按一定顺序和间距逐点插入进行振捣。每个插入点振捣时间一般需要 20~30s。实际操作时的振实标准可按以下一些现象来判断：混凝土表面不再显著下沉，不出现气泡，并在表面出现一层薄而均匀的水泥浆。如振捣时间不够，则达不到振实要求；过振则骨料下沉、砂浆上翻，产生离析。

振捣器的有效振动范围用振动作用半径 R 表示。R 值的大小与混凝土坍落度和振捣器性能有关，可经试验确定，一般为 30~50cm。为了避免漏振，插入点之间的距离不能过大。要求相邻插入点间距不应大于其影响半径的 1.5~1.75 倍。在布置振捣器插入点位置时，还应注意不要碰到钢筋和模板；但离模板的距离也不要大于 20~30cm，以免因漏振而使混凝土表面出现蜂窝麻面。

在每个插入点进行振捣时，振捣器要垂直插入，快插慢拔，并插入下层混凝土 5~10cm，以保证上、下层混凝土的结合。

（3）混凝土平仓振捣机

混凝土平仓振捣机是一种能同时进行混凝土平仓和振捣两项作业的新型混凝土施工机械。

采用平仓振捣机，能代替繁重的劳动、提高振实效果和生产率，适用于大体积混凝土机械化施工。但要求仓面大、无模板拉条、履带压力小，还需要起重机吊运入仓。

根据行走底盘的形式，平仓振捣机主要有履带推土机式和液压臂式两种基本类型。

（二）混凝土的养护

混凝土浇筑完毕后，在一个相当长的时间内，应保持其适当的温度和足够的湿度，以造成混凝土良好的硬化条件。这样既可以防止其表面因干燥过快而产生干缩裂缝，又可促使其强度不断增长。

在常温下的养护方法：混凝土水平面可用水、湿麻袋、湿草袋、湿砂、锯末等覆盖；对垂直面进行人工洒水，或用带孔的水管定时洒水，以维持混凝土表面潮湿。近年来出现的喷膜养护法，是在混凝土初凝后，在混凝土表面喷 1~2 次养护剂，以形成一层薄膜，可阻止混凝土内部水分的蒸发，达到养护的目的。

混凝土养护一般是从浇筑完毕后 12~18h 开始。养护时间的长短取决于当地气温、水泥品种和结构物的重要性。如用普通水泥、硅酸盐水泥拌制的混凝土，养护时间不少于 14d；用大坝水泥、火山灰质水泥、矿渣水泥拌制的混凝土，养护时间不少于 21d；重要部位和利用后期强度的混凝土，养护时间不少于 28d。冬季和夏季施工的混凝土，养护时间按设计要求进行。冬季应采取保温措施，减少洒水次数，气温低于 5℃ 时，应停止洒水养护。

第四节　大体积混凝土的温度控制及混凝土的冬夏季施工

一、大体积混凝土的温度控制

对大体积混凝土，由于水泥水化，释放大量水化热，使混凝土内部温度逐步上升。而混凝土导热性能随热传导距离呈线性衰减，大部分水化热将积蓄在浇筑块内，使块内温度升达 30~50℃，甚至更高。由于内外温差的存在，随着时间的推移，坝内温度逐渐下降而趋于稳定，与多年平均气温接近。大体积混凝土的温度变化过程，可分为三个阶段，即温升期、冷却期（或降温期）和稳定期。

（一）混凝土温度裂缝产生的原因

混凝土的温度变化必然引起体积的膨胀和收缩，若膨胀和收缩变形受到约束，势必产生温度应力。由于混凝土的抗压强度远高于抗拉强度，在温度压应力作用下不致破坏的混凝土，当受到温度拉应力作用时，常因抗拉强度不足而产生裂缝。随着约束情况的不同，大体积混凝土温度裂缝有如下两种：

1. 表面裂缝

混凝土浇筑后，其内部由于水化热升温，体积膨胀，如遇寒潮，气温骤降，表层降温收缩。内胀外缩，在混凝土内部产生压应力，表层产生拉应力。

混凝土的抗拉强度远小于抗压强度。当表层温度拉应力超过混凝土的允许抗拉强度时，将产生裂缝，形成表面裂缝。这种裂缝多发生在浇筑块侧壁，方向不定，数量较多。由于初浇的混凝土塑性大，弹模小，限制了拉应力的增长，故这种裂缝短而浅，随着混凝土内部温度下降，外部气温回升，有重新闭合的可能。

2. 贯穿裂缝和深层裂缝

变形和约束是产生应力的两个必要条件。由温度变化引起温度变形是普遍存在的，有无温度应力关键在于有无约束。人们不仅把基岩视为刚性基础，也把已凝固、弹模较大的下部老混凝土视为刚性基础。这种基础对新浇不久的混凝土产生温度变形所施加的约束作用，称为基础约束。这种约束在混凝土升温膨胀期引起压应力，在降温收缩时引起拉应力。当此拉应力超过混凝土的允许抗拉强度时，就会产生裂缝，称为基础约束裂缝。

新浇筑的浇筑块其内温高于基础或老混凝土温度，且呈均匀分布，由于升温过程时间不长，升温过程浇筑块尚处于塑性状态，变形自由，故无温度应力发生。事实上，只有降温结硬的混凝土在接近基础面部分才受到刚性基础的双向约束，难以变形。冷却收缩时浇筑块对基础产生挤压，基础对混凝土则产生大小相等、方向相反的拉应力，当此拉应力大于混凝土的抗拉强度，则将引起裂缝。由于这种裂缝自基础面向上开展，严重时可能贯穿整个坝段，故又称为贯穿裂缝。此种裂缝切割的深度可达 $3 \sim 5m$ 以上，故又称为深层裂缝。裂缝的宽度可达 $1 \sim 3mm$，且多垂直基面向上延伸，既可能平行纵缝贯穿，也可能沿流向贯穿，对坝体造成很大危害。

大体积混凝土紧靠基础产生的贯穿裂缝，无论对坝的整体受力还是防渗效果的影响比之浅层表面裂缝的危害都大得多。表面裂缝虽然可能成为深层裂缝的诱发因素，对坝的抗风化能力和耐久性有一定影响，但毕竟其深度浅，长度短，一般不形成危害坝体安全的决定因素。

3. 大体积混凝土温度控制的任务

大体积混凝土温度控制的首要任务是通过控制混凝土的拌和温度来控制混凝土的入仓温度；通过一期冷却降低混凝土内部的水化热升温，从而降低混凝土内部的最高升温，使温差降低到允许范围。

其次，大体积混凝土温控的另一任务是通过二期冷却，使坝体温度从最高温度降到接近稳定温度，以便在达到灌浆温度后及时进行纵缝灌浆。众所周知，为了施工方便和温控散热要求坝体所设的纵缝，在坝体完建时应通过接缝灌浆使之结合成为整体，方能蓄水安全运行。若坝体内部的温度未达到稳定温度就进行灌浆，灌浆后坝体温度进一步下降，又会将胶结的缝重新拉开。

实质上，温度控制就是将大体积混凝土内部和基础之间的温差，控制在基础约束应力小于混凝土允许抗拉强度以内。考虑到下层降温冷却结硬的老混凝土对上层新浇混凝土的约束作用，通常需要对上下层混凝土的温差进行控制，要求上下层温差值不大于 15 ~ 20℃。这样才能防止上层新浇筑的混凝土在硬化的过程中产生贯穿性裂缝。

（二）大体积混凝土的温度控制措施

大体积混凝土的温度控制，常从减少混凝土的发热量、降低混凝土的入仓温度和加速混凝土散热三方面着手。

1. 减少混凝土的发热量

（1）减少每立方米混凝土的水泥用量

其主要措施有：①根据坝体的应力场对坝体进行分区，对于不同分区采用不同标号的混凝土；②采用低流态或无坍落度干硬性贫混凝土；③改善骨料级配，增大骨料粒径，对少筋混凝土可埋放大块石，以减少每立方米混凝土的水泥用量；④大量掺粉煤灰，掺合料的用量可达水泥用量的 25% ~ 40%；⑤采用高效外加减水剂不仅能节约水泥用量约 20%，使 28d 龄期混凝土的发热量减少 25% ~ 30%，且能提高混凝土早期强度和极限拉伸值，常用的减水剂有酪木素、糖蜜、MF 复合剂等。

（2）采用低发热量的水泥

过去采用的低热硅酸盐水泥，因早期强度低，成本高，已逐步被淘汰。当前多用中热水泥。近年来已开始生产低热微膨胀水泥，它不仅水化热低，且有微膨胀作用，对降温收缩还可以起到补偿作用，减小收缩引起的拉应力，有利于防止裂缝的发生。

2．降低混凝土的入仓温度

（1）合理安排浇筑时间

在施工组织上安排春、秋季多浇，夏季早晚浇，正午不浇，这是经济有效降低入仓温度的措施。

（2）采用加冰或加冰水拌和

混凝土拌和时，将部分拌和水改为冰屑，利用冰的低温和冰溶解时吸收潜热的作用，这样，最大限度可将混凝土温度降低约20℃。规范规定加冰量不大于拌和用水量的80%。加冰拌和，冰与拌和材料直接作用，冰量利用率高，降温效果显著。但加冰越多，拌和时间有所增长，相应会影响生产能力。若采用冰水拌和或地下低温水拌和，则可避免这一弊端。

（3）对骨料进行预冷

当加冰拌和不能满足要求时，通常采取骨料预冷的办法。

①水冷。使粗骨料浸入循环冷却水中30~45min，或在通入拌和楼料仓的皮带机廊道、地弄或隧洞中装设喷洒冷却水的水管。喷洒冷却水皮带段的长度，由降温要求和皮带机运行速度而定。

②风冷。可在拌和楼料仓下部通入冷气，冷风经粗骨料的空隙，由风管返回制冷厂再冷。细骨料难以采用冰冷，若用风冷，又由于砂的空隙小，效果不显著，故只有采用专门的风冷装置吹冷。

③真空气化冷却。利用真空气化吸热原理，将放入密闭容器的骨料，利用真空装置抽气并保持真空状态约30min，使骨料气化降温冷却。

以上预冷措施，需要设备多，费用高。不具备预冷设备的工地，宜采用一些简易的预冷措施，例如在浇筑仓面上搭凉棚，料堆顶上搭凉棚，限制堆料高度，由底层经地垄取低温料，采用地下水拌和，北方地区尚可利用冰窖储冰，以备夏季混凝土拌和使用等。

3．加速混凝土散热

（1）采用自然散热冷却降温

采用低块薄层浇筑可增加散热面，并适当延长散热时间，即适当增长间歇时间。在高温季节已采用预冷措施时，则应采用厚块浇筑，缩短间歇时间，防止因气温过高而热量倒流，以保持预冷效果。

（2）在混凝土内预埋水管通水冷却

在混凝土内预埋蛇形冷却水管，通循环冷水进行降温冷却。水管通常采用直径20~25mm的薄钢管或薄铝管，每盘管长约200mm。为了节约金属材料，可用塑料软管充气埋入混凝土内，待混凝土初凝后再放气拔出，清洗后以备重复利用。冷却水管布置，平面上呈蛇形，断面上呈梅花形，也可布置成棋盘形。

一期通水冷却目的在于削减温升高峰，减小最大温差，防止贯穿裂缝发生。一期通水冷却通常在混凝土浇后几小时便开始，持续15d左右，达到预定降温值方停止。

二期通水冷却可以充分利用一期冷却系统。二期冷却时间的长短，一方面取决于实际最大温差，又受到降温速率不应大于1.5℃/d的影响，且与通水流量大小、冷却水温高低密切相关。通常二期冷却应保证至少有10~15℃的温降，使接缝张开度有0.5mm以上，以满足接缝灌浆对灌缝宽度的要求。冷却用水应尽可能利用低温地下水和库内低温水，只有当采用天然水不符合要求时，才辅以人工冷却水。通水冷却应自下而上分区进行，通水方向可以一昼夜调换一次，以使坝体均匀降温。

三、混凝土的冬夏季施工

（一）混凝土的冬季施工

混凝土凝固过程与周围的温度和湿度有密切关系，低温时，水化作用明显减缓，强度增长受阻。实践证明，当气温在-3℃以下时，混凝土易受早期冻害，其内部水分开始冻结成冰，使混凝土疏松，强度和防渗性能降低，甚至会丧失承载能力。因此，规范规定"寒冷地区5℃以下或最低气温稳定在-3℃以下时"，混凝土施工必须采取冬季施工措施，要求混凝土在强度达到设计强度的50%以前不遭受冻结。

试验表明，塑性混凝土料受冰冻影响，强度发展有如下变化规律：如果混凝土在浇筑后初凝前立即受冻，水泥的水化反应刚开始停止，若在正温中溶解并重新硬结时，强度可继续增长并达到与未受冻的混凝土基本相同的强度，没有多少强度损失；如果混凝土是在浇筑完初凝后遭受冻结，混凝土的强度损失很大，而且冻结程度越高，强度损失越大。不少工程因偶然事故时混凝土受冻，甚至早期受冻，当恢复加热养护后强度继续增长，其28d强度仍接近标准养护强度。

1. 混凝土允许受冻的标准

以"成熟度"作为混凝土允许受冻的标准。所谓成熟度，是指混凝土养护温度与养护时间的乘积。采用成熟度作为混凝土允许受冻的标准，不仅与当今国际使用的衡量标准一致，而且它能更准确地反映混凝土的实际强度，测定养护温度和时间也比较方便。

新规范以1800℃·h的成熟度为标准，对普通硅酸盐水泥拌制的混凝土的强度，可达到40%R_{28}以上，与原规范临界强度规定值较接近。比照国外成熟度的取值和国内不少实际工程验证，现行规范将成熟度暂定为 1 800℃·h，对保证混凝土冬季作业的施工质量是留有裕度的。

2. 混凝土冬季作业的措施

混凝土冬季作业通常采取如下措施：

（1）施工组织上合理安排。将混凝土浇筑安排在有利的时期进行，保证混凝土的成熟度达到 1 800℃·h 后再受冻。

（2）调整配合比和掺外加剂。冬季作业中采用高热或快凝水泥（大体积混凝土除外），采用较低的水灰比，加速凝剂和塑化剂，加速凝固，增加发热量，以提高混凝土的早期强度。

（3）原材料加热拌和。当气温在 3~5℃ 以下时可加热水拌和，但水温不宜高于 60℃，超过 60℃ 时应改变拌和加料顺序，将骨料与水先拌和，然后加水泥，否则会使混凝土产生假凝。若加热水尚不能满足要求，再加热干砂和石子。加热后的温度，砂子不能超过 60℃，石子不能高于 40℃。水泥只是在使用前一两天置于暖房内预热，升温不宜过高。骨料通常采用蒸汽加热。有用蒸汽管预热的，也有直接将蒸汽喷入料仓的骨料中。这时蒸汽所含水量应从拌和加水量中扣除。但在现场实施中难以控制，故一般不宜采用蒸汽直接预热骨料或水浸预热骨料。预热料仓与露天料堆预热相比，具有热量损耗小、防雨雪条件好、预热效果好的优点。但土建工程量较大，工期长，投资多，只有在最低月平均气温在 −10℃ 以下的严寒地区，混凝土出机口温度要求高时才采用料仓预热方式。而最低月平均气温在 −10℃ 以上的一般寒冷地区，采用露天料堆预热已能基本满足要求，这是国内若干实际工程的经验总结。

（4）增加混凝土拌和时间。冬季作业混凝土的拌和时间一般应为常温的 1.5 倍。

（5）减少拌和、运输、浇筑中的热量损失。应采取措施尽量缩短运输时间，减少转运次数。装料设备应加盖，侧壁应保温。配料、卸料、转运及皮带机廊道各处应增加保温措施。

3. 混凝土冬季养护方法

冬季混凝土可采用以下几种养护方法：

（1）蓄热法

将浇筑好的混凝土在养护期间用保温材料加以覆盖，尽可能将混凝土内部水化热积蓄起来，保证混凝土在结硬过程中强度不断增长。常用的方法有铺膜养护、喷膜养护及采用锯末、稻草、芦席或保温模板养护。

蓄热法是一种简单而经济的方法，应优先采用，尤其对大体积混凝土更为有效。用蓄热法不合要求时，才增加其他养护措施。

（2）暖棚法

对体积不大、施工集中的部位可搭建暖棚，棚内安设蒸汽管路或暖气包加温，使棚内温度保持在 20℃ 以上。搭建暖棚费用很高，包括采暖费，可使混凝土单价提高 50% 以上，故规范规定，只有"当日平均气温低于 -10℃ 时"，才必须在暖棚内浇筑。

（3）电热法

在浇筑块内插上电极，利用交流电通电到混凝土内部，以混凝土自身作为电阻，把电能转变成加热温凝土的热能。当采用外部加热时可用电炉或电热片，在混凝土表面铺一层被盐水浸泡的锯末，并在其中通电加热。电热法耗电量大，故只有当电价低廉时在小构件混凝土冬季作业中使用。

（4）蒸汽法

采用蒸汽养护，适宜的温度和湿度可使混凝土的强度迅速增长，甚至 1～3d 后即可拆模。蒸汽养护成本较高，一般只适用于预制构件的养护。

（二）混凝土的夏季作业

在混凝土凝结过程中，水泥水化作用进行的速度与环境温度成正比。夏季气温较高，如气温超过 30℃，若不采取冷却降温措施，便会对混凝土质量产生不良影响。若气温骤降或水分蒸发过快，易引起表面裂缝。浇筑块体冷却收缩时因基础约束会引起贯穿裂缝，破坏坝的整体性和防渗性能。所以规范规定，当气温超过 30℃ 时，混凝土生产、运输、浇筑等各个环节应按夏季作业施工。混凝土的夏季作业，就是采取一系列的预冷降温、加速散热以及充分利用低温时刻浇筑等措施来实现的。

第五节　特殊混凝土施工

一、碾压混凝土

碾压混凝土施工技术是混凝土重力坝与碾压土石坝长期"竞争"的结果。碾压混凝土施工技术就是用土石坝的施工方法（分层铺填、碾压）施工一种特殊的混凝土——碾压混凝土（干贫混凝土）。近年来，碾压混凝土施工技术在工程中得到了广泛应用。

（一）碾压混凝土的拌和料特点

碾压混凝土单位水泥用量（30～150kg）和用水量较少，水胶（灰）比宜小于 0.70，掺合材料（粉煤灰、火山灰质材料等）掺量较大（掺合料的掺量宜取 30%~65%），碾压混凝土粗骨料的粒径不宜大于 80mm，并一般不采用间断级配，碾压混凝土的坍落度等于零。其特点主要表现在：

（1）由于坍落度为零，混凝土浆量又少，对振动碾压机械既有足够的承载力，又不致像普通塑性混凝土那样受振液化而失去支持力。

（2）由于水泥用量少，水化热总量小，而且薄层（25~70cm）浇筑，有利于散热，可有效地降低大体积混凝土的水化热升温，温控措施简单，节省大量投资。

采用碾压施工法可以大大地提高施工速度，特别适用于大体积结构特别是重力坝的施工。过去国内普遍采用"金包银式碾压混凝土重力坝"。所谓的"金包银"就是在重力坝的上下游一定范围内和孔洞及其他重要结构的周围采用常态混凝土（普通混凝土），是为"金"，重力坝的内部采用碾压混凝土，是为"银"。随着碾压混凝土施工技术的提高，也有许多工程全部采用碾压混凝土。

2. 碾压混凝土的施工工艺

碾压混凝土通常用自卸汽车、皮带输送机等运输，在仓面可用薄层连续铺筑或间歇铺筑，铺筑方法宜采用平层通仓法。采用吊罐入仓时，卸料高度不宜大于 1.5m。平仓机或推土机应平行坝轴线平仓，也可用铲运机运输、铺料和平仓，平仓厚度应控制在 17~34cm。

振动压实机械往往采用振动平碾，碾压方式可采用"无振—有振—无振"的方法，振动碾的行进速度控制在 1.0~1.5km/h。坝体迎水面 3~5m，碾压方向应垂直于水流方向，其余部位也宜垂直于水流方向，碾压作业应采用搭接法，搭接宽度 10~20cm，端头搭接宽度 100cm。

连续上升铺筑的碾压混凝土，层间允许间隔时间应控制在混凝土初凝之前，且混凝土拌和物从拌和到碾压完毕的时间不应大于 2h。碾压混凝土施工不设纵缝，横缝可采用切缝机切割。

3. 碾压层面结合施工

碾压混凝土层面一般有两种：一种是连续碾压的临时施工层面，一般不需要处理；另一种是正常的间歇面，层面处理采用刷毛或冲毛清除乳皮，露出无浆膜的骨料，铺设一层 10~15mm 厚的垫层。垫层材料可选择水泥砂浆、粉煤灰水泥砂浆或水泥净浆、水泥粉煤灰净浆等。

4. 碾压混凝土施工的质量控制

碾压混凝土施工时，主要有原材料、新拌碾压混凝土、现场质量检测与控制等。铺筑时 V_c 值检测每 2h 一次，现场 V_c 值允许偏差 5s。压实容重检测采用核子水分密度仪或压实密度计。具体可按水工碾压混凝土施工规范和要求进行质量控制。施工时须特别注意以下几点：

（1）碾压混凝土含水量较少，在运输及碾压过程中，易失水（尤其表层）而产生表面裂缝或造成层间结合薄弱而形成层间渗漏。

（2）立模与不立模的选择技术。立模板容易保证建筑物的外形平整，但限制了施工进度；不立模不易控制建筑物的外形尺寸和表面质量。

（3）采用"金包银式碾压混凝土重力坝"坝型时，常态混凝土与碾压混凝土的结合部位，因不易施工而成为薄弱环节。

二、变态混凝

（一）施工原理

在碾压混凝土拌和物摊铺层中铺洒水泥净浆或水泥粉煤灰净浆，使该处的碾压混凝土具有坍落度，再用插入式振捣器振实，拆模后得到内部密实、外观理想的混凝土结构物。此法不仅能有效解决靠近模板部位的碾压混凝土碾压操作不便的问题，而且具有良好的防渗效果。

（二）施工特点

近年来，变态混凝土已越来越多地替代了原来采用常态混凝土的部位，应用范围从大坝上、下游模板内侧，上、下游止水材料埋设处，推广到电梯井和廊道周边、大坝岸坡基础等部位。其施工特点为：

1. 在碾压混凝土坝施工过程中，可减少拌和楼变换所拌制混凝土的品种，提高生产效率。

2. 避免原来碾压混凝土与常态混凝土施工所产生的时间间隔，有利于保证混凝土浇筑同步上升，较好解决异种混凝土结合处产生薄弱面的问题。

3. 简化施工工艺和减少施工干扰，加快碾压混凝土施工进度。

（三）施工工艺

水泥浆一般采取集中拌制法，如在坝头设置制浆站等。用装载车或改装的运浆车运送到施工部位。加浆量应根据试验确定，一般为施工部位碾压混凝土体积的 4%~10%。

加浆方式主要有底部加浆和顶部加浆。工程多采用顶部加浆，即在摊铺好的碾压混凝土面上铺洒水泥浆，然后用插入式振捣器（或平仓振捣机）进行振捣，使浆液向下渗透。

一些工程对加浆工艺进行改进，设计插孔器及加浆系统，有效控制施工质量。

在变态混凝土的注浆前，先将其相邻部位的碾压混凝土压实。变态混凝土振捣完成后，用大型振动碾将变态混凝土与碾压混凝土搭接部位碾平。碾压时可采用条带搭接法，条带长 15～20m，条带端部搭接长度为 100cm 左右。

三、预填骨料压浆混凝土

预填骨料压浆混凝土也称为压浆混凝土，是将级配后洗净的粗骨料填放在待浇体内，用配制好的砂浆通过输浆管压入粗骨料空隙，胶结硬化而成的混凝土。压浆混凝土适用于结构钢筋密布、预埋件复杂的部位，不便采用导管法的水下混凝土浇筑，修补加固混凝土和钢筋混凝土结构物以及其他不易浇筑和捣实的部位。

压浆混凝土对材料有一定的要求：所用的粗骨料，其最小粒径应不小于 2cm，以免空隙过小，影响砂浆压入；粗骨料应按设计级配填放密实，尽量减少空隙率以节省砂浆；所用细骨料，其粒径超过 2.5mm 者应予筛除，以免砂浆压入困难；砂浆中应掺混合材料及有关外加剂，使其具有良好的流动性，以期在较低压力下能压入粗骨料空隙中；砂浆中应掺入适量的膨胀剂，在初凝前略微膨胀，使混凝土更加密实。

压浆管一般竖向布置，距模板不宜小于 1.0m，以免对模板造成过大侧压力，管距一般为 1.5～2.0m，模板应接缝严密，防止漏浆。

砂浆用柱塞式或隔膜式砂浆泵压送，灌浆压力一般为 0.2～0.5MPa，压浆应自下而上，且不得间断，浆体上升速度应保持在每小时 50～100cm。压浆部位应埋设观测管、排气管，以检查压浆效果。

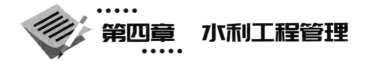

第四章 水利工程管理

第一节 管理要求

一、基本要求

1. 工程养护应做到及时消除表面的缺陷和局部工程问题，防护可能发生的损坏，保持工程设施的安全、完整、正常运用。

2. 管理单位应依据水利部、财政部编制次年度养护计划，并按规定报主管部门。

3. 养护计划批准下达后，应尽快组织实施。

二、大坝管护

1. 坝顶养护应达到坝顶平整，无积水、无杂草、无弃物；防浪墙、坝肩、踏步完整，轮廓鲜明；坝端无裂缝、无坑凹、无堆积物。

2. 坝顶出现坑洼和雨淋沟缺，应及时用相同材料填平补齐，并应保持一定的排水坡度；坝顶路面如有损坏，应及时修复；坝顶的杂草、弃物应及时清除。

3. 防浪墙、坝肩和踏步出现局部破损，应及时修补。

4. 坝端出现局部裂缝、坑凹，应及时填补，发现堆积物应及时清除。

5. 坝坡养护应达到坡面平整，无雨淋沟缺，无荆棘杂草滋生；护坡砌块应完好，砌缝紧密，填料密实，无松动、塌陷、脱落、风化、冻毁或架空现象。

6. 干砌块石护坡的养护应符合下列要求：

（1）及时填补、楔紧脱落或松动的护坡石料。

（2）及时更换风化或冻损的块石，并嵌砌紧密。

（3）块石塌陷、垫层被淘刷时，应先翻出块石，恢复坝体和垫层后，再将块石嵌砌紧密。

7. 混凝土或浆砌块石护坡的养护应符合下列要求：

（1）清除伸缩缝内杂物、杂草，及时填补流失的填料。

（2）护坡局部发生侵蚀剥落、裂缝或破碎时，应及时采用水泥砂浆表面抹补、喷浆或填塞处理。

（3）排水孔如有不畅，应及时进行疏通或补设。

8. 堆石或碎石护坡石料如有滚动，造成厚薄不均时，应及时进行平整。

9. 草皮护坡的养护应符合下列要求：

（1）经常修整草皮、清除杂草、洒水养护，保持完整美观。

（2）出现雨淋沟缺时，应及时还原坝坡，补植草皮。

10. 对无护坡土坝，如发现有凹凸不平，应进行填补整平；如有冲刷沟，应及时修复，并改善排水系统；如遇风浪淘刷，应进行填补，必要时放缓边坡。

三、排水设施管护

1. 排水、导渗设施应达到无断裂、损坏、阻塞、失效现象，排水畅通。

2. 排水沟（管）内的淤泥、杂物及冰塞，应及时清除。

3. 排水沟（管）局部的松动、裂缝和损坏，应及时用水泥砂浆修补。

4. 排水沟（管）的基础如被冲刷破坏，应先恢复基础，后修复排水沟（管）；修复时，应使用与基础同样的土料，恢复至原断面，并夯实；排水沟（管）如设有反滤层时，应按设计标准恢复。

5. 随时检查修补滤水坝趾或导渗设施周边山坡的截水沟，防止山坡浑水淤塞坝趾导渗排水设施。

6. 减压井应经常进行清理疏通，保持排水畅通；周围如有积水渗入井内，应将积水排干，填平坑洼。

四、输、泄水建筑物管护

1. 输、泄水建筑物表面应保持清洁完好，及时排除积水、积雪、苔藓、蚧贝、污垢及淤积的沙石、杂物等。

2. 建筑物各部位的排水孔、进水孔、通气孔等均应保持畅通；墙后填土区发生塌坑、沉陷时应及时填补夯实；空箱岸（翼）墙内淤积物应适时清除。

3. 钢筋混凝土构件的表面出现涂料老化，局部损坏、脱落、起皮等，应及时修补或重新封闭。

4. 上下游的护坡、护底、陡坡、侧墙、消能设施出现局部松动、塌陷、隆起、淘空、垫层散失等，应及时按原状修复。

5. 闸门外观应保持整洁，梁格、臂杆内无积水，及时清除闸门吊耳、门槽、弧形门支铰及结构夹缝处等部位的杂物。钢闸门出现局部锈蚀、涂层脱落时应及时修补；闸门滚轮、弧形门支铰等运转部位的加油设施应保持完好、畅通，并定期加油。

6. 启闭机的管护应符合下列要求：

（1）防护罩、机体表面应保持清洁、完整。

（2）机架不得有明显变形、损伤或裂缝，底脚连接应牢固可靠；启闭机连接件应保持紧固。

（3）注油设施、油泵、油管系统保持完好，油路畅通，无漏油现象；减速箱、液压油缸内油位保持在上、下限之间，定期过滤或更换，保持油质合格。

（4）制动装置应经常维护，适时调整，确保灵活可靠。

（5）钢丝绳、螺杆有齿部位应经常清洗、抹油，有条件的可设置防尘设施；启闭螺杆如有弯曲，应及时校正。

（6）闸门开度指示器应定期校验，确保运转灵活、指示准确。

7. 机电设备的管护应符合下列要求：

（1）电动机的外壳应保持无尘、无污、无锈；接线盒应防潮，压线螺栓紧固；轴承内润滑脂油质合格，并保持填满空腔内 $1/3 \sim 1/2$。

（2）电动机绕组的绝缘电阻应定期检测，小于 $0.5M\Omega$ 欧时，应进行干燥处理。

（3）操作系统的动力柜、照明柜、操作箱、各种开关、继电保护装置、检修电源箱等应定期清洁、保持干净；所有电气设备外壳均应可靠接地，并定期检测接地电阻值。

（4）电气仪表应按规定定期检验，保证指示正确、灵敏。

（5）输电线路、备用发电机组等输变电设施按有关规定定期养护。

8. 防雷设施的管护应符合下列规定：

（1）避雷针（线、带）及引下线如锈蚀量超过截面30%时，应予更换。

（2）导电部件的焊接点或螺栓接头如脱焊、松动应予补焊或旋紧。

（3）接地装置的接地电阻值应不大于 10Ω，超过规定值时应增设接地极。

（4）电器设备的防雷设施应按有关规定定期检验。

（5）防雷设施的构架上，严禁架设低压线、广播线及通信线。

五、观测设施管护

1. 观测设施应保持完整，无变形、损坏、堵塞。

2. 观测设施的保护装置应保持完好，标志明显，随时清除观测障碍物；观测设施如有损坏，应及时修复，并重新校正。

3. 测压管口应随时加盖上锁。

4. 水位尺损坏时，应及时修复，并重新校正。

5. 量水堰板上的附着物和堰槽内的淤泥或堵塞物，应及时清除。

六、自动监控设施管护

1. 自动监控设施的管护应符合下列要求：

（1）定期对监控设施的传感器、控制器、指示仪表、保护设备、视频系统、通信系统、计算机及网络系统等进行维护和清洁除尘。

（2）定期对传感器、接收及输出信号设备进行率定和精度校验。对不符合要求的，应及时检修、校正或更换。

（3）定期对保护设备进行灵敏度检查、调整，对云台、雨刮器等转动部分加注润滑油。

2. 自动监控系统软件系统的养护应遵守下列规定：

（1）制定计算机控制操作规程并严格执行。

（2）加强对计算机和网络的安全管理，配备必要的防火墙。

（3）定期对系统软件和数据库进行备份，技术文档应妥善保管。

（4）修改或设置软件前后，均应进行备份，并做好记录。

（5）未经无病毒确认的软件不得在监控系统上使用。

3. 自动监控系统发生故障或显示警告信息时，应查明原因，及时排除，并详细记录。

4. 自动监控系统及防雷设施等，应按有关规定做好养护工作。

七、管理设施管护

1. 管理范围内的树木、草皮，应及时浇水、施肥、除害、修剪。

2. 管理办公用房、生活用房应整洁、完好。

3. 防污道路及管理区内道路、供排水、通信及照明设施应完好无损。

4. 工程标牌（包括界桩、界牌、安全警示牌、宣传牌）应保持完好、醒目、美观。

第二节　堤防与水闸管理

一、堤防管理

（一）堤防的工作条件

堤防是一种适应性很强，利用坝址附近的松散土料填筑、碾压而成的挡水建筑物。其工作条件如下：

（1）抗剪强度低。由于堤防挡水的坝体是松散土料压实填成的，故抗剪强度低，易发生坍塌、失稳滑动、开裂等破坏。

（2）挡水材料透水。坝体材料透水，易产生渗漏破坏。

（3）受自然因素影响大。堤防在地震、冰冻、风吹、日晒、雨淋等自然因素作用下，易发生沉降、风化、干裂、冲刷、渗流侵蚀等破坏，故工作中应符合自然规律，严格按照运行规律进行管理。

（二）堤防的检查

堤防的检查工作主要有四个方面：①经常检查；②定期检查；③特别检查；④安全鉴定。

1. 经常检查

堤防的经常性检查是由管理单位指定有经验的专职人员对工程进行的例行检查，并须填写有关检查记录。此种检查原则上每月至少应进行 1~2 次。检查内容主要包括以下几个方面：

（1）检查坝体有无裂缝。检查的重点应是坝体与岸坡的连接部位、异种材料的结合部位、河谷形状的突变部位、坝体土料的变化部位、填土质量较差的部位、冬季施工的坝段等部位。如果发现裂缝，应检查裂缝的位置、宽度、方向和错距，并跟踪记录，观测其发展情况。对横向裂缝，应检查贯穿的深度、位置，是否形成或将要形成漏水通道；对于纵向裂缝，应检查是否形成向上游或向下游的圆弧形，有无滑坡的迹象。

（2）检查下游坝坡有无散浸和集中渗流现象，渗流是清水还是浑水；在坝体与两岸接头部位和坝体与刚性建筑物连接部位有无集中渗流现象；坝脚和坝基渗流出逸处有无管涌、流土和沼泽化现象；埋设在坝体内的管道出口附近有无异常渗流或形成漏水通道，检查渗流量有无变化。

（3）检查上下游坝坡有无滑坡、上部坍塌、下部塌陷和隆起现象。

（4）检查护坡是否完好，有无松动、塌陷、垫层流失、石块架空、翻起等现象；草皮护坡有无损坏或局部缺草，坝面有无冲沟等情况。

（5）检查坝体上和库区周围排水沟、截水沟、集水井等排水设备有无损坏、裂缝、漏水或被土石块、杂草等阻塞。

（6）检查防浪墙有无裂缝、变形、沉陷和倾斜等；坝顶路面有无坑洼，坝顶排水是否畅通，坝轴线有无位移或沉降，测桩是否损坏等。

（7）检查坝体有无动物洞穴，是否有害虫、害兽的活动迹象。

（8）对水质、水位、环境污染源等进行检查观测，对堤防量水堰的设备、测压管设备进行检查。

对每次检查出的问题应及时研究分析，并确定妥善的处理措施。有关情况要记录存档，以备检索。

2. 定期检查

定期检查是在每年汛前、汛后和大量用水期前后组织一定力量对工程进行的全面性检查。检查的主要内容有：

（1）检查溢洪道的实际过水能力。对不能安全运行，洪水标准低的堤防，要检查是否按规定的汛期限制水位运行。如果出现较大洪水，有没有切实可行的保坝措施，并是否落实。

（2）检查坝址处、溢洪道岸坡或库区及水库沿岸有无危及坝体安全的滑坡、塌方等情况。

（3）坝前淤积严重的坝体，要检查淤积库容的增加对坝体安全和效益所带来的危害。特别要复核抗洪能力，以及采取哪些相应措施，以免造成洪水漫坝的危险。

（4）检查溢洪道出口段回水是否可能冲淹坝脚，影响坝体安全。

（5）对坝下涵管进行检查。

（6）检查掌握水库汛期的蓄水和水位变化情况，严格按照规定的安全水位运用，不能超负荷运行。放水期注意控制放水流量，以防库水位骤降等因素影响坝体安全。

3. 特别检查

特别检查是当工程发生严重破坏现象或有重大疑点时，组织专门力量进行检查。通常在发生特大洪水、暴雨、强烈地震、工程非常运用等情况时进行。

4. 安全鉴定

工程建成后，在运用前3~5年内须对工程进行一次全面鉴定，以后每隔6~10年进行一次。安全鉴定应由主管部门组织，由管理、设计、施工、科研等单位及有关专业人员共同参加。

（三）堤防的养护修理

堤防的养护修理应本着"经常养护，随时维修，养重于修，修重于抢"的原则进行，一般可分为经常性养护维修、岁修、大修和抢修。经常性的养护维修是根据检查发现的问题而进行的日常保养维护和局部修补，以保持工程的完整性。岁修一般是在每年汛后进行，属全面的检查维修。大修是指工程损坏较大时所做的修复。大修一般技术复杂，可邀请有关设计、科研及施工单位共同研究修复方案。抢修又称为抢险，当工程发生事故，危及整个工程安全及下游人民生命财产的安全时，应立即组织力量抢修。

堤防的养护修理工作主要包括下列内容：

（1）在坝面上不得种植树木和农作物，不得放牧、铲草皮、搬动护坡和导渗设施的砂石材料等。

（2）堤防坝顶应保持平整，不得有坑洼，并具有一定的排水坡度，以免积水。坝顶路面应经常养护，如有损坏应及时修复和加固。防浪墙和坝肩的路沿石、栏杆、台阶等如有损坏应及时修复。坝顶上的灯柱如有歪斜，线路和照明设备损坏，应及时调整和修补。

（3）坝顶、坝坡和戗台上不得大量堆放物料和重物，以免引起不均匀沉陷或局部塌滑。坝面不得作为码头停靠船只和装卸货物，船只在坝坡附近不得高速行驶。坝前靠近坝坡如有较大的漂浮物和树木应及时打捞。

（4）在距坝顶或坝的上下游一定的安全距离范围之内，不得任意挖坑、取土、打井和爆破，禁止在水库内炸鱼等对工程有害的活动。

（5）对堤防上下游及附近的护坡应经常进行养护，如发现护坡石块有松动、翻动和滚动等现象，以及反滤层、垫层有流失现象，应及时修复。如果护坡石块的尺寸过小，难以抵抗风浪的淘刷，可在石块间部分缝隙中充填水泥砂浆或用水泥砂浆勾缝，以增强其抵抗能力。混凝土护坡伸缩缝内的填充料如有流失，应将伸缩缝冲洗干净后按原设计补充填料，草皮护坡如有局部损坏，应在适当的季节补植或更换新草皮。

（6）堤防与岸坡连接处应设置排水沟，两岸山坡上应设置截水沟，将雨水或山坡上的渗水排至下游，防止冲刷坝坡和坝脚。坝面排水系统应保持完好，畅通无阻，如有淤积、堵塞和损坏，应及时清除和修复。维护坝体滤水设施和坝后减压设施的正常运用，防止下游浑水倒灌或回流冲刷，以保持其反滤和排渗能力。

（7）堤防如果有减压井，井口应高于地面，防止地表水倒灌。如果减压井因淤积而影响减压效果，应及时采取掏淤、洗井、抽水的方法使其恢复正常。如减压井已损坏无法修复，可将原减压井用滤料填实，另打新井。

（8）坝体、坝基、两岸绕渗及坝端接触渗漏不正常时，常用的处理方法是上游设防堵截，坝体钻孔灌浆，以及下游用滤土导渗等。对岩石坝基渗漏可以用帷幕灌浆的方法处理。

（9）坝体裂缝，应根据不同的情况，分别采取措施进行处理。

（10）对坝体的滑坡处理，应根据其产生的原因、部位、大小、坝型、严重程度及水库内水位高低等情况，进行具体分析，采取适当措施。

（11）在水库的运用中，应正确控制水库水位的降落速度，以免因水位骤降而引起滑坡。对于坝上游布置有铺盖的堤防，水库一般不放空，以防铺盖干裂或冻裂。

（12）如发现堤防坝体上有兽洞、蚁穴，应设法捕捉害兽和灭杀白蚁，并对兽洞和蚁穴进行适当处理。

（13）坝体、坝基及坝面的各种观测设备和各种观测仪器应妥善保护，以保证各种设备能及时准确和正常地进行各种观测。

（14）保持整个坝体干净、整齐，无杂草和灌木丛，无废弃物和污染物，无对坝体有害的隐患及影响因素，做好大坝的安全保卫工作。

二、水闸管理

（一）水闸检查

水闸检查是一项细致而重要的工作，对及时准确地掌握工程的安全运行情况和工情、水情的变化规律，防止工程缺陷或隐患，都具有重要作用。主要检查内容包括：①闸门（包括门槽、门支座、止水及平压阀、通气孔等）工作情况；②启闭设施的工作情况；③金属结构防腐及锈蚀情况；④电气控制设备、正常动力和备用电源工作情况。

1. 水闸检查的周期

检查可分为经常检查、定期检查、特别检查和安全鉴定四类。

（1）经常检查

用眼看、耳听、手摸等方法对水闸的闸门、启闭机、机电设备、通信设备、管理范围内的河道、堤防和水流形态等进行检查。经常检查应指定专人按岗位职责分工进行。经常检查的周期按规定一般为每月不少于一次，但也应根据工程的不同情况另行规定。重要部位每月可以检查多次，次要部位或不易损坏的部位每月可只检查一次；在宣泄较大流量、出现较高水位及汛期每月可检查多次，在非汛期可减少检查次数。

（2）定期检查

一般指每年的汛前、汛后、用水期前后、冰冻期（指北方）的检查，每年的定期检查应为 4~6 次。根据不同地区汛期到来的时间确定检查时间，例如华北地区可安排 3 月上旬、5 月下旬、7 月、9 月底、12 月底、用水期前后 6 次。

（3）特别检查

是水闸经过特殊运用之后的检查，如特大洪水超标准运用、暴风雨、风暴潮、强烈地震和发生重大工程事故之后。

（4）安全鉴定

应每隔 15~20 年进行一次，可以在上级主管部门的主持下进行。

2．水闸检查内容

对水闸工程的重要部位和薄弱部位及易发生问题的部位，要特别注意检查观测。检查的主要内容有：

（1）水闸闸墙背与干堤连接段有无渗漏迹象。

（2）砌石护坡有无坍塌、松动、隆起、底部掏空、垫层散失，砌石挡土墙有无倾斜、位移（水平或垂直）、勾缝脱落等现象。

（3）混凝土建筑物有无裂缝、腐蚀、磨损、剥蚀露筋；伸缩缝止水有无损坏、漏水；门槽、门坎的预埋件有无损坏。

（4）闸门有无表面涂层剥落、门体变形、锈蚀、焊缝开裂或螺栓、铆钉松动；支承行走机构是否运转灵活、止水装置是否完好，开度指示器、门槽等能否正常工作等。

（5）启闭机械是否运转灵活，制动准确，有无腐蚀和异常声响；钢丝绳有无断丝、磨损、锈蚀、接头不牢、变形；零部件有无缺损、裂纹、磨损及螺杆有无弯曲变形；油压机油路是否通畅，油量、油质是否合乎规定要求，调控装置及指示仪表是否正常，油泵、油管系统有否漏油。备用电源及手动启闭是否可靠。

（6）机电及防雷设备、线路是否正常，接头是否牢固，安全保护装置动作是否准确可靠，指示仪表指示是否正确，备用电源是否完好可靠，照明、通信系统是否完好。

（7）进、出闸水流是否平顺，有无折冲水流或波状水跃等不良流态。

（二）水闸养护

1. 建筑物土工部分的养护

对于土工建筑物的雨淋沟、浪窝、塌陷以及水流冲刷部分，应立即进行检修。当土工建筑物发生渗漏、管涌时，一般采用上游堵截渗漏、下游反滤导渗的方法进行及时处理。当发现土工建筑物发生裂缝、滑坡，应立即分析原因，根据情况可采用开挖回填或灌浆方法处理，但滑坡裂缝不宜采用灌浆方法处理。对于隐患，如蚁穴兽洞、深层裂缝等，应采用灌浆或开挖回填处理。

2. 砌石设施的养护

对干砌块石护坡、护底和挡土墙，如有塌陷、隆起、错动时，要及时整修，必要时，应予更换或灌浆处理。

对浆砌块石结构，如有塌陷、隆起，应重新翻砌，无垫层或垫层失效的均应补设或整修。遇有勾缝脱落或开裂，应冲洗干净后重新勾缝。浆砌石岸墙、挡土墙有倾覆或滑动迹象时，可采取降低墙后填土高度或增加拉撑等办法予以处理。

3. 混凝土及钢筋混凝土设施的养护

混凝土的表面应保持清洁完好，对苔藓、蚧贝等附着生物应定期清除。对混凝土表面出现的剥落或机械损坏问题，可根据缺陷情况采用相应的砂浆或混凝土进行修补。

对于混凝土裂缝，应分析原因及其对建筑物的影响，拟定修补措施。

水闸上、下游，特别是底板、闸门槽、消力池内的砂石，应定期清理打捞，以防止产生严重磨损。

伸缩缝填料如有流失，应及时填充，止水片损坏时，应凿槽修补或采取其他有效措施修复。

4. 其他设施的养护

禁止在交通桥上和翼墙侧堆放砂石料等重物，禁止各种船只停靠在泄水孔附近，禁止在附近爆破。

（三）水闸的控制运用

水闸控制运用又称水闸调度。水闸调度的依据是：①规划设计中确定的运用指标；②实时的水文、气象情报、预报；③水闸本身及上下游河道的情况和过流能力；④经过批准的年度控制运用计划和上级的调度指令。在水闸调度中需要正确处理除水害与兴水利之间的矛盾，以及城乡用水、航运、放筏、水产、发电、冲淤、改善环境等有关方面的利害关系。在汛期，要在上级防汛指挥部门的领导下，做好防汛、防台、防潮工作。在水闸运用中，闸门的启闭操作是关键，要求控制过闸流量，时间准确及时，保证工程和操作人员的安全，防止闸门受漂浮物的冲击以及高速水流的冲刷而破坏。

为了改进水闸运用操作技术，需要积极开展有关科学研究和技术革新工作，例如，改进雨情、水情等各类信息的处理手段；率定水闸上下游水位、闸门开度与实际过闸流量之间的关系；改进水闸调度的通信系统；改善闸门启闭操作系统；装置必要的闸门遥控、自动化设备。

（四）水闸的工程管理

水闸常见的安全问题和破坏现象有：在关闸挡水时，闸室的抗滑稳定；地基及两岸土体的渗透破坏；水闸软基的过量沉陷或不均匀沉陷；开闸放水时下游连接段及河床的冲刷；水闸上、下游的泥沙淤积；闸门启闭失灵；金属结构锈蚀；混凝土结构破坏、老化等。针对这些问题，需要在运用管理中做好检查观测、养护修理工作。

水闸的检查观测是为了能够经常了解水闸各部位的技术状况，从而分析判断工程安全情况和承担任务的能力。工程检查可分为经常检查、定期检查、特别检查与安全鉴定。水闸的观测要按设计要求和技术规范进行，主要观测项目有水闸上、下游水位，过闸流量，上、下游河床变形等。

对于水闸的土石方、混凝土结构、闸门、启闭机、动力设备、通信照明及其他附属设施，都要进行经常性的养护，发现缺陷及时修理。按照工作量大小和技术复杂程度，养护修理工作可分为四种，即经常性养护维修、岁修、大修和抢修。经常性养护维修是保持工程设备完整清洁的日常工作，按照规章制度、技术规范进行；岁修是指每年汛后针对较大缺陷，按照所编制的年度岁修计划进行的工程整修和局部改善工作；大修是指工程发生较大损坏后而进行的修复工作和陈旧设备的更换工作，一般工作量较大，技术比较复杂；抢修是指在工程重要部位出现险情时进行的紧急抢救工作。

为了提高工程管理水平，需要不断改进观测技术，完善观测设备和提高观测精度；研究采用各种养护修理的新技术、新设备、新材料、新工艺。随着工程的逐年老化，要研究采用增强工程耐久性和进行加固的新技术，延长水闸的使用年限。

第三节　土石坝与混凝土坝渗流监测

一、土石坝监测

（一）测压管法测定土石坝浸润线

1. 压管布置

土石坝浸润线观测的测点应根据水库的重要性和规模大小、土坝类型、断面形式、坝基地质情况以及防渗、排水结构等进行布置。一般选择有代表性、能反映主要渗流情况以及预计有可能出现异常渗流的横断面，作为浸润线观测断面。例如，选择最大坝高、老河床、合龙段以及地质情况复杂的横断面。在设计时进行浸润线计算的断面，最好也作为观测断面，以便与设计进行比较。横断面间距一般为 100~200m，如果坝体较长、断面情况大体相同，可以适当增大间距。对于一般大型和重要的中型水库，浸润线观测断面不少于 3 个，一般中型水库应不少于 2 个。

每个横断面内测点的数量和位置，以能使观测成果如实地反映出断面内浸润线的几何形状及其变化，并能描绘出坝体各组成部位如防渗排水体、反滤层等处的渗流状况。要求每个横断面内的测压管数量不少于 3 根。

（1）具有反滤坝趾的均质土坝，在上游坝肩和反滤坝趾上游各布置一根测压管，其间根据具体情况布置一根或数根测压管。

（2）具有水平反滤层的均质土坝，在上游坝肩以及水平反滤层的起点处各布置一根测压管，其间视情况而定。也可在水平反滤层上增设一根测压管。

（3）对于塑性心墙，如心墙较宽，可在心墙布置 2~3 根测压管，在下游透水料紧靠心墙外和反滤层坝趾上游端各埋设一根测压管。如心墙较窄，可在心墙上下游和反滤坝趾上游端各布置一根测压管，其间根据具体情况布置。

（4）对于塑性斜墙坝，在紧靠斜墙下游埋设一根测压管，反滤坝趾上游端埋设一根测压管，其间距视具体情况布置。紧靠斜墙的测压管，为了不破坏斜墙的防渗性能并便于观测，通常采用有水平管段的 L 形测压管。水平管段略倾斜，进水管端稍低，坡度在 5% 左右，以避免气塞现象。水平管段的坡度还应考虑坝基的沉陷，防止形成倒坡。

（5）其他坝型的测压管布置，可考虑按上述原则进行。需要在坝的上游坝坡埋设测压管时，应尽可能布置在最高洪水位以上，如必须埋设在最高洪水位以下时，须注意当水库水位上升将淹没管口时，用水泥砂浆将管口封堵。

2.测压管的结构

测压管长期埋设在坝体内，要求管材经久耐用。常用的有金属管、塑料管和无砂混凝土管。无论哪种测压管均由进水管、导管和管口保护设备三部分组成。

（1）进水管

常用的进水管直径为 38~50mm，下端封口，进水管壁钻有足够数量的进水孔。对埋设于黏性土中的进水管，开孔率为 15% 左右；对砂性土，开孔率为 20% 左右。孔径一般为 6mm 左右，沿管周分 4~6 排，呈梅花形排列。管内壁缘毛刺要打光。

进水管要求能进水且滤土。为防止土粒进入管内，须在管外周包裹两层钢丝布、玻璃丝布或尼龙丝布等不易腐烂变质的过滤层，外面再包扎棕皮等作为第二过滤层，最外边包两层麻布，然后用尼龙绳或铅丝缠绕扎紧。

进水管的长度：对于一般土料与粉细砂，应自设计最高浸润线以上 0.5m 至最低浸润线以下 1m，对于粗粒土，则不短于 3m。

（2）导管

导管与进水管连接并伸出坝面，连接处应不漏水，其材料和直径与进水管相同，但管壁不钻孔。

（3）管口保护设备

伸出坝面的导管应装设专门的设备加以保护，以保护测压管不受人为破坏，防止雨水、地表水流入测压管内或沿侧压管外壁渗入坝体，避免石块和杂物落入管中，堵塞测压管。

3.测压管的安装埋设

测压管一般在土石坝竣工后钻孔埋设，只有水平管段的 L 形测压管，必须在施工期埋设。首先钻孔，再埋设测压管，最后进行注水试验，以检查是否合格。

（1）钻孔注意事项

①测压管长度小于 10m 的，可用人工取土器钻孔，长度超过 10m 的测压管则需要用钻机钻孔。

②用人工取土器钻孔前，应将钻头埋入土中一定的深度（0.5m）后，再钻进。若钻进中遇有石块确实不易钻动时，应取出钻头，并以钢钎将石块捣碎后再钻。若钻进深度不大时，可更换位置再钻。

③钻机一般在短时间内即能完成钻孔，如短期内不易塌孔，可不下套管，随即埋设测

压管。若在砂壤土或砂砾料坝体中钻孔，为防止孔壁坍塌，可先下套管，在埋好测压管后将套管拔出，或者采用管壁钻了小孔的套管，万一套管拔不出来也不会使测压管作废。

④建议钻孔采用麻花钻头干钻，尽量不用循环水冲孔钻进，以免钻孔水压对坝体产生扰动破坏及可能产生裂缝。

⑤钻孔的终孔直径应不小于 110mm，以保证进水段管壁与孔壁之间有一定空隙，能回填洗净的干砂。

（2）埋设测压管注意事项

①在埋设前对测压管应做细致检查，进水管和导管的尺寸与质量应合乎设计要求，检查后应做记录。管子分段接头可采用接箍或对焊。在焊接时应将管内壁的焊疤打去，以避免由于焊接使管内径缩小，造成测头上下受阻。管子分段连接时，要求管子在全长内保持顺直。

②测压管全部放入钻孔后，进水管段管壁与孔壁之间应回填粒径约为 0.2mm 洗净的干砂。导管段管壁与孔壁之间应回填黏土并夯实，以防雨水沿管外壁渗入。由于管与孔壁之间间隙小，回填松散黏土往往难以达到防水效果，导管外壁与钻孔之间可回填事先制备好的膨胀黏土泥球，直径 1~2cm，每填 1m，注入适量稀泥浆水，以浸泡粘土球使之散开膨胀，封堵孔壁。

③测压管埋设后，应及时做好管口保护设备，记录埋设过程，绘制结构图，最后将埋设处理情况以及有关影响因素记录在考证表内。

（3）测压管注水试验检查

测压管埋设完毕后，要及时做注水试验，以检验灵敏度是否合格。试验前先量出管中水位，然后向管中注入清水。在一般情况下，土料中的测压管，注入相当于测压管中 3~5m 长体积的水；砂砾料中的测压管，注入相当于测压管中 5~10m 长体积的水。注入后测量水面高程，以后再经过 5min、10min、15min、20min、30min、60min 后各测量水位一次，以后间隔时间适当延长，测至降到原水位为止。记录测量结果，并绘制水位下降过程线，作为原始资料。对于黏壤土，测压管水位如果 5 昼夜内降至原来水位，认为是合格的；对于砂壤土，水位 1 昼夜降到原来水位，认为合格。对于砂砾料，如果在 12h 内降到原来水位，或灌入相应体积的水而水位升高不到 3~5m，认为是合格的。

（二）渗流观测资料的整理与分析

1. 土石坝渗流变化规律

土石坝渗流在运用过程中是不断变化的。引起渗流变化的原因，一般有库水位发生变化、坝体的不断固结、坝基沉陷、泥沙产生淤积、土石坝出现病害。其中，前四种原因引起的渗流变化属于正常现象，其变化具有一定的规律性：一是测压管水位和渗流量随库水位的上升而增加，随库水位的下降而减少；二是随着时间的推移，由于坝体固结、坝基沉陷、泥沙淤积等原因，在相同的库水位条件下，渗流观测值趋于减小，最后达到稳定。当土石坝产生坝体裂缝、坝基渗透破坏、防渗或排水设施失效、白蚁等生物破坏或土中的某些物质被水溶出等病害时，其渗流就不符合正常渗流规律，会出现各种异常渗流现象。

2. 坝身测压管资料的整理和分析

（1）绘制测压管水位过程线

以时间为横坐标，以测压管水位为纵坐标，绘制测压管水位过程线。为便于分析相关因素的影响，在过程线图上还应同时绘出上下游水位过程线、雨量分布线。

①测压管水位与库水位有着相应的关系，即测压管水位过程线的起伏（峰、谷）次数大体上与库水位过程线相同。

②测压管水位变化（上升或下降）的时刻，往往比库水位开始变化（上升或下降）的时刻来得晚，两者的时间差一般称为测压管的滞后时间。

饱和土体中测压管水位的滞后时间主要取决于测压管容积充水及放水时间。管径越大，管内充水或放水时间越长，滞后时间也越长。为减小滞后时间，宜选用较小直径的测压管。实际上，坝基测压管水位的滞后时间主要取决于其自身充放水时间。非饱和土体内测压管水位的滞后时间主要是由非饱和土体孔隙充水时间所引起的，远较饱和土体中测压管容积充水时间长。实际上，坝身测压管水位的滞后时间的绝大部分是由非饱和土体充水时间或饱和土体放水时间所引起的。

由于坝身测压管有较明显的滞后时间，因此就不能用同一时刻的上下游水位和管水位进行比较，这就给资料分析带来麻烦，为此，须首先估计"滞后时间"，用以消除对测压管水位的影响。其次，滞后时间的长短也可作为分析坝的渗流状态的一项参考指标。一般来说，密实、透水性弱的坝体滞后时间长，而较松散、土料透水性强的坝体则滞后时间较短。

③可能出现的特殊情况有如下几种：

在库水位降低时，出现测压管水位高于库水位。其原因有两种可能：一是土体的透水性小，管内水体不易排出，这属于正常现象；二是测压管进水管段被淤堵而失灵，可做注水试验予以验证。

测压管水位过程线与库水位过程线有时起伏不一致。其原因是测压管水位受到其他因素的影响，如受到坝表面雨水渗入或者受到土坡地下水位上升的影响。因此，对局部时段的测定值应舍去。

测压管水位不随库水位变化，呈一水平直线，其原因为测压管失灵。该观测资料不能用。

（2）实测浸润线与设计浸润线对比分析

土坝设计的浸润线都是在固定水位（如正常高水位，设计洪水位）的前提下计算出来的，而在运用中，一般情况下正常高水位或设计洪水位维持时间极短，其他水位也变化频繁。因此，设计水位对应时刻的实测浸润线并非对应于该水位时的浸润线，如果库水位上升达到高水位，则在高水位下的比较往往出现"实测浸润线低于设计浸润线"；相反，用低水位的观测值比较，又会出现"实测浸润线高于设计浸润线"。事实上，只有库水位达到设计库水位并维持才可能直接比较，或者设法消除滞后时间的影响，否则很难说明问题。

二、混凝土坝渗流监测

（一）混凝土坝压力监测

1. 坝基扬压力监测

混凝土坝坝基扬压力监测的一般要求为：

（1）坝基扬压力监测断面应根据坝型、规模、坝基地质条件和渗控措施等进行布置。一般设 1~2 个纵向监测断面，1、2 级坝的横向监测断面不少于 3 个。

（2）纵向监测断面以布置在第一道排水幕线上为宜，每个坝段至少设 1 个测点；坝基地质条件复杂时，测点应适当增加，遇到强透水带或透水性强的大断层时，可在灌浆帷幕和第一道排水幕之间增设测点。

（3）横向监测断面通常布置在河床坝段、岸坡坝段、地质条件复杂的坝段以及灌浆帷幕转折的坝段。支墩坝的横向监测断面一般设在支墩底部。每个断面设 3~4 个测点，地质条件复杂时，可适当加密测点。测点通常布置在排水幕线上，必要时可在灌浆帷幕前布少量测点，当下游有帷幕时，在其上游侧也应布置测点，防渗墙或板桩后也要设置测点。

（4）在建基面以下扬压力观测孔的深度不宜大于 1m，深层扬压力观测孔在必要时才设置。扬压力观测孔与排水孔不能相互替代使用。

（5）当坝基浅层存在影响大坝稳定的软弱带时，应增加测点。测压管进水段应埋在软弱带以下 0.5~1m 的岩体中，并做好软弱带处进水管外围的止水，以防下层潜水向上渗漏。

（6）对于地质条件良好的薄拱坝，经论证可少做或不做坝基扬压力监测。

（7）坝基扬压力监测的测压管有单管式和多管式两种，可选用金属管或硬塑料管。进水段必须保证渗漏水能顺利地进入管内。当可能发生塌孔或管涌时，应增设反滤装置。管口有压时，安装压力表；管口无压时，安装保护盖，也可在管内安装渗压计。

2. 坝基扬压力监测布置

坝基扬压力监测布置通常需要考虑坝的类型、高度坝基地质条件和渗流控制工程特点等因素，一般是在靠近坝基的廊道内设测压管进行监测。纵向（坝轴线方向）通常需要布置 1~2 个监测断面，横向（垂直坝轴线方向）对于 1 级或 2 级坝至少布置 3 个监测断面。

纵向监测最主要的监测断面通常布置在第一排排水帷幕线上，每个坝段设一个测点；若地质条件复杂，测点数应适当增加，遇大断层或强透水带时，在灌浆帷幕和第一道排水幕之间增设测点。

横向监测断面选择在最高坝段、地质条件复杂的谷岸台地坝段及灌浆帷幕转折的坝段。横断面间距一般为 50~100m。坝体较长、坝体结构和地质条件大体相同，可适当加大横断面间距。横断面上一般设 3~4 个测点，若地质条件复杂，测点应适当增加。若坝基为透水地基，如砂砾石地基，当采用防渗墙或板桩进行，防渗加固处理时，应在防渗墙或板桩后设测点，以监测防渗处效果。当有下游帷幕时，应在帷幕的上游侧布置测点。另外也可在帷幕前布置测点，进一步监测帷幕的防渗效果。

坝基若有影响大坝稳定的浅层软弱带，应增设测点。如采用测压管监测，测压管的进水管段应设在软弱带以下 0.5~1m 的基岩中，同时应做好软弱带导水管段的止水，防止下层潜水向上渗漏。

（二）渗流量监测

1. 渗流量监测设计

渗流量监测是渗流监测的重要内容，它直观反映了坝体或其他防渗系统的防渗效果，历史上很多失事的大坝也都是先从渗流量突然增加开始的，因此渗流量监测是非常重要的监测项目。

渗流量设施的布置，可根据坝型和坝基地质条件、渗流水的出流和汇集条件等因素确定。对于土石坝，通常在大坝下游能够汇集渗流水的地方设置集水沟和量水设备，集水沟及量水设备应布置在不受泄水建筑物泄洪影响以及坝面和两岸雨水排泄影响的地方。将坝体、坝基排水设施的渗水集中引至集水沟，在集水沟出口进行观测。也可以分区设置集水沟进行观测，最后汇至总集水沟观测总渗流量。混凝土坝渗流量的监测可在大坝下游设集水沟，而坝体渗水由廊道内的排水沟引至排水井或集水井观测渗流量。

2. 渗流量监测方法

常用的渗流量监测方法有容积法、量水堰法和测流速法，可根据渗流量的大小和汇集条件选用。

（1）容积法，适用渗流量小于1L/s的渗流监测。具体监测时，可采用容器（如量筒）对一定时间内的渗水总量进行计量，然后除以时间就能得到单位时间的渗流量。如渗流量较大时，也可采用过磅称重的方法，对渗流量进行计量，同样可求出单位时间的渗流量。

（2）量水堰法，适用渗流量1~300L/s时的渗流监测。用水尺量测堰前水位，根据堰顶高程计算出堰上水头，再由水头按量水堰流量公式计算渗流量。量水堰按断面可分为直角三角形堰、梯形堰、矩形堰三种。

（3）测流速法，适用流量大于300L/s时的渗流监测。将渗流水引入排水沟，只要测量排水沟内的平均流速就能得到渗流量。

（三）绕坝渗流监测

当大坝坝肩岩体的节理裂隙发育，或者存在透水性强的断层、岩溶和堆积层时，会产生较大的绕坝渗流。绕坝渗流不仅影响坝肩岩体的稳定，而且对坝体和坝基的渗流状况也会产生不利影响。因此，对绕坝渗流进行监测是十分必要的。有关规范对绕坝渗流监测的一般规定如下：

1. 绕坝渗流监测包括两岸坝端及部分山体、土石坝与岸坡或混凝土建筑物接触面以及防渗齿墙或灌浆帷幕与坝体或两岸接合部等关键部位。绕坝渗流监测的测点应根据枢纽布置、河谷地形、渗控措施和坝肩岩土体的渗透特性进行布置。

2. 绕渗监测断面宜沿着渗流方向或渗流较集中的透水层（带）布置，数量一般为2~3个，每个监测断面上布置3~4条观测铅直线（含渗流出口）。如须分层观测时，应做好层间止水。

3. 水工建筑物与刚性建筑物接合部的绕渗观测，应在对渗流起控制作用的接触轮廓线处设置观测铅直线，沿接触面不同高程布设观测点。

4. 岸坡防渗齿槽和灌浆帷幕的上下游侧应各设1个观测点。

5. 绕坝渗流观测的原理和方法与坝体、坝基的渗流观测相同，一般采用测压管或渗压计进行观测，测压管和渗压计应埋设于死水位或筑坝前的地下水位之下。

绕坝渗流的测点布置应根据地形、枢纽布置、渗流控制设施及绕坝渗流区渗透特性而定。在两岸的帷幕后沿流线方向分别布置 2~3 个监测断面，在每个断面上布置 3~4 个测点。帷幕前可布置少量测点。

对于层状渗流，可利用不同高程上的平洞布置监测孔，无平洞时，可分别将监测孔钻入各层透水带，至该层天然地下水位以下一定深度，一般为 1m，必要时可在一个孔内埋设多管式测压管，但必须做好上下两测点间的隔水措施，防止层间水相通。

第四节　3S 技术应用

一、遥感技术的应用

水利信息包括水情、雨情信息、汛旱灾情信息、水量水质信息、水环境信息、水工程信息等。为了获取这些信息，水利行业建立了一个庞大的信息监测网络，该网络在水利决策中发挥了重大作用。20 世纪 90 年代后，以遥感为主的观测技术的快速发展和日趋成熟，使其已成为水利信息采集的重要手段。如在防洪抗旱方面，洪涝灾害遥感监测已初步建成业务化运行系统，旱情遥感监测模型也逐渐实用化；在水土保持方面，全国性的土壤侵蚀遥感大调查已经开展了多次；在水资源调查、水环境监测等其他方面，遥感的应用也越来越多。

相对于传统的信息获取手段，遥感技术具有宏观、快速、动态、经济等特点。由于遥感信息获取技术的快速发展，各类不同时空分辨率的遥感影像获取将会越来越容易，遥感技术的应用将会越来越广泛。可以肯定，遥感信息将成为现代化水利的日常信息源。

水利信息化建设中所涉及的数据量既有实时数据，又有环境数据、历史数据；既有栅格数据（如遥感数据），又有矢量数据、属性数据。水利信息中 70% 以上与空间地理位置有关，组织和存储这些不同性质的数据是一件非常复杂的事情，关系型数据库管理系统是难以管理如此众多的空间信息的，而 GIS（地理信息系统）恰好具备这一功能。实质上，地理信息系统不仅可以用于存储和管理各类海量水利信息，还可以用于水利信息的可视化查询与网上发布，地理信息系统的空间分析能力甚至可以直接为水利决策提供辅助支持，如地理信息系统的网络分析功能可以直接为防洪救灾中的避险迁安服务。

目前，GIS 在水利行业已广泛应用于防洪减灾、水资源管理、水环境、水土保持等领域。

如前所述，水利信息 70% 以上与空间地理性置有关，以 GPS（全球定位系统）为代表的全新的卫星空间定位方法，是获取水利信息空间位置必不可少的手段。

二、3S 技术在防洪减灾中的应用

遥感、地理信息系统和全球定位系统技术在防洪、减灾、救灾方面的应用是最广泛的，相对也是最成熟的，其应用几乎覆盖这些工作的全过程。

1. 数据采集和信息提取技术在雨情、水情、工情、险情和灾情等方面都能不同程度地发挥作用，在基础地理信息提取方面更是优势明显。

2. 在数据与信息的存储、管理和分析方面，目前大多数涉及防洪、减灾和救灾的信息管理系统都已以 GIS 为平台建设，2000 年以后建设的都是以 Web GIS 为平台，可以多终端和远程发布、浏览和权限操作，这对防汛工作来讲是至关重要的。

3. 水利信息 3S 高新技术在防汛决策支持方面将起到越来越大的作用，这也是应用潜力最大的方面。如灾前评估、避险迁安和抢险救灾物质输运路线、气象卫星降水量预报。

三、3S 技术在水资源实时监控管理中的应用

（一）GIS 技术在水资源实时监控管理中的应用

1. 空间数据的集成环境

水资源实时监控系统中不仅包含大量非空间信息，还包含空间信息以及和空间信息相互关联的信息，以及地理背景信息（地形、地貌、行政区划、居民地、交通等），各类测站位置信息（雨量、水文、水质、墒情、地下水等），水资源分析单元（行政单元、流域单元等）、水系（河流、湖泊、水库、渠道等），水利工程分布、各类用水单元（灌区、工厂居民地等）。这些实体均应采用空间数据模型（点、线、多边形、网络等）来描述。GIS 提供管理空间数据的强大工具，应用 GIS 技术可对水资源实时监控系统中的空间数据进行存储、处理和组织。

2. 空间分析的工具

采用 CIS 空间叠加方法可以方便地构造水资源分析单元，将各个要素层在空间上联系起来。同时，G1S 的空间分析功能还可以进行流域内各类供用水对象的空间关系分析；建立在流域地形信息、遥感影像数据支持下的流域三维虚拟系统，配置各类基础背景信息、水资源实时监控信息，实现流域的可视化管理。

3. 构建集成系统的应用

GIS 具有很强的系统集成能力，是构成水资源实时监控系统集成的理想环境。GIS 具有强大的图形显示能力，需要很少的开发量，就可以实现电子地图显示、放大、缩小、漫

游。同时很多 GIS 软件采用组件化技术、数据库技术和网络技术，使 GIS 与水资源应用模型、水资源综合数库以及现有的其他系统集成起来。因此，应用 GIS 构建水资源实时监控系统可以增强系统的表现力，拓展系统的功能。

（二）遥感技术在水资源实时监控管理中的应用

1. 提供流域背景信息

运用遥感技术可以及时更新水资源实时监控系统的流域背景信息，如流域的植被状况、水系、大型水利工程、灌区、城市及农村居民点等。这些信息虽然可以从地形图和专题地图中获得，但运用遥感手段可以获取最新的变化信息，以提供提高系统应用的可靠性。

2. 提供水资源实时监测信息

遥感是应用装载在一定平台（如卫星）上的传感器来感知地表物体电磁波信息，包括可见光、近红外、热红外、微波等，通过遥感手段可以直接或间接地获取水资源实时监测信息。获取地表水体信息化，包括水面面积、水深、浑浊度等；计算土壤含水量；计算地表蒸散发量；计算大气水汽含量等。

3. 评估水资源实时监控效果

通过遥感手段可以发现、快速评估水资源实时管理和调度的效果，如调水后地表水体的变化、土壤墒情的变化、天然植被的恢复情况、农作物长势的变化等。

（三）GPS 技术在水资源实时监控管理中的应用

GPS 即全球定位系统，在水资源实时监控系统中主要可以应用其定位和导航的作用。如各种测站、监测断面、取水口位置的测量。另外，最新采用移动监测技术也应用 GPS 技术，实时确定监测点的地理坐标，并把监测信息传输到控制中心，控制中心可以运用发回地理坐标确定监测点所在水系、河段及断面位置。这种方式可以大大提高贵重监测仪器（如水质监测仪器）的利用效率，同时也提高了系统灵活反应能力。

四、3S 技术在旱情信息管理系统中的应用

（一）农情、墒情和简单气象要素信息的采集

目前，全国的部分省（自治区、直辖市）建立了以省为单位的旱情信息管理系统。以山东省为例，全省有定时、定点墒情监测站 100 余个，基本上做到每个县有一个观测点，

逐旬逢 6 监测。监测内容有统一的规范格式，数据项除了包括站名站号，还主要包含农事信息和墒情信息两部分。农事信息有：观测点种植内容分白地、麦地、棉花、薯类、水稻、玉米、春杂、夏杂等，并对其中两种最主要的面积类型进一步描述，面积比例占第一位的为"作物 1"，占第二位的为"作物 2"，对这两种主要作物还要描述其生长期，分为播种期、幼苗期、成长期、开花期、黄熟期几个阶段。根据作物受害与否定性分为：正常和干旱。根据受害程度分为：没有、轻微、中度、严重、绝收五级。土壤的墒情分别测定 0.1m、0.2m、0.4m 三个不同深度的土壤重量含水百分率，对相应的土壤质地，根据其质地粗细也分为壤土、沙土和黏土。对前期灌溉和降水情以毫米数表达。在部分点还有地下水埋深（m）的记录。观测内容细致全面。

（二）旱情观测数据的传输与管理

目前，全国的旱情信息系统建设水平还很不平衡，在旱情监测信息系统建设比较好的省份，农情和墒情信息能通过公共网络逐旬汇总到省防汛抗旱指挥部门，雨情能实现逐日汇总到省防汛抗旱指挥部门，这些信息通过水利专网可以比较及时地传送到国家防汛抗旱总指挥部办公室的全国旱情管理信息系统中，但在一些经济和技术条件相对落后的省份，只能做到逐旬汇总上报概略的受旱面积和旱灾程度评价意见。

（三）旱情监测与墒情预报信息系统研究进展

近年也有学者开展了旱情监测与墒情预报研究，将逐旬定点观测的墒情作为旬观测修正基准，依据逐日气象条件、灌溉情况估算的土壤流失或补墒过程，将当前墒情作为判断旱情状况的依据。

（四）抗旱决策支持与抗旱效果评估

将现代化的空间遥感技术、地理信息系统技术、全球定位系统技术与现代通信技术集成为一个完整的干旱的监测、快速评估和预警系统，可以实现遥感信息的多时相采集和墒情信息采集的空间定位，通过现状数据和历史数据的分析对比，能够提出对旱情的评估意见，依托丰富的信息表达手段完成会商决策支持。通过对抗旱措施的跳跃监测，使抗旱效果灵敏地得到反映，方便管理部门的决策。

第五章　水利工程施工安全管理

第一节　安全管理概述

一、安全管理概念

（一）建筑工程安全生产管理的特点

1. 安全生产管理涉及面广、涉及单位多

由于建筑工程规模大，生产工艺复杂、工序多，在建造过程中流动作业多、高处作业多，作业位置多变，遇到不确定因素多，所以安全管理工作涉及范围大，控制面广。安全管理不仅是施工单位的责任，还包括建设单位、勘察设计单位、监理单位，这些单位也要为安全管理承担相应的责任和义务。

2. 安全生产管理动态性

（1）由于建筑工程项目的单件性，使得每项工程所处的条件不同，所面临的危险因素和防范也会有所改变。

（2）工程项目的分散性。施工人员在施工过程中，分散于施工现场的各个部位，当他们面对各种具体的生产问题时，一般依靠自己的经验和知识进行判断并做出决定，从而增加了施工过程中由不安全行为而导致事故的风险。

3. 安全生产管理的交叉性

建筑工程项目是开放系统，受自然环境和社会环境影响很大，安全生产管理需要把工程系统和环境系统及社会系统相结合。

4. 安全生产管理的严谨性

安全状态具有触发性，安全管理措施必须严谨，一旦失控，就会造成损失和伤害。

（二）　建筑工程安全生产管理的方针

"安全第一"是建筑工程安全生产管理的原则和目标，"预防为主"是实现安全第一的最重要手段。

（三）　建筑工程安全管理的原则

1. "管生产必须管安全"的原则。一切从事生产、经营的单位和管理部门都必须管安全，全面开展安全工作。

2. "安全具有否决权"的原则。安全管理工作是衡量企业经营管理工作质量的一项基本内容，在对企业进行各项指标考核时，必须首先考虑安全指标的完成情况。安全生产指标具有一票否决的作用。

3. 职业安全卫生"三同时"的原则。"三同时"指建筑工程项目其劳动安全卫生设施必须符合国家规范规定的标准，必须与主体工程同时设计、同时施工、同时投入生产和使用。

（四）　建筑工程安全生产管理有关法律、法规与标准、规范

1. 我国的安全生产的法律制度。
2. 法治是强化安全管理的重要内容。
3. 事故处理"四不放过"的原则。
（1）　事故原因分析不清不放过；
（2）　事故责任者和群众没有受到教育不放过；
（3）　没有采取防范措施不放过；
（4）　事故责任者没有受到处理不放过。

（五）　安全生产管理体制

当前我国的安全生产管理体制是"企业负责、行业管理、国家监察和群众监督、劳动者遵章守法"。

（六）　安全生产责任制度

安全生产责任制度是建筑生产中最基本的安全管理制度，是所有安全规章制度的核心。安全生产责任制度是指将各种不同的安全责任落实到具体安全管理的人员和具体岗位人员身上的一种制度。这一制度是安全第一、预防为主的具体体现，是建筑安全生产的基

本制度。

（七）安全生产目标管理

安全生产目标管理就是根据建筑施工企业的总体规划要求，制定出在一定时期内安全生产方面所要达到的预期目标并组织实现此目标。其基本内容是：确定目标、分解目标、执行目标、检查总结。

（八）施工组织设计

施工组织设计是组织建设工程施工的纲领性文件，是指导施工准备和组织施工的全面性的技术、经济文件，是指导现场施工的规范性文件。施工组织设计必须在施工准备阶段完成。

（九）安全技术措施

安全技术措施是指为防止工伤事故和职业病的危害，从技术上采取的措施。在工程施工中，是指针对工程特点、环境条件、劳力组织、作业方法、施工机械、供电设施等制定的确保安全施工的措施。

安全技术措施也是建设工程项目管理实施规划或施工组织设计的重要组成部分。

（十）安全技术交底

安全技术交底是落实安全技术措施及安全管理事项的重要手段之一。重大安全技术措施及重要部位的安全技术，由公司负责人向项目经理部技术负责人进行书面的安全技术交底；一般安全技术措施及施工现场应注意的安全事项，由项目经理部技术负责人向施工作业班组、作业人员做出详细说明，并经双方签字认可。

（十一）安全教育

安全教育是实现安全生产的一项重要基础工作，它可以提高职工搞好安全生产的自觉性、积极性和创造性，增强安全意识，掌握安全知识，提高职工的自我防护能力，使安全规章制度得到贯彻执行。安全教育培训的主要内容有：安全生产思想、安全知识、安全技能、安全操作规程标准、安全法规、劳动保护和典型事例。

（十二）班组安全活动

班组安全活动是指在上班前由班组长组织并主持，根据本班目前工作内容，重点介绍安全注意事项、安全操作要点，以达到组员在班前掌握安全操作要领，提高安全防范意识，减少事故发生的活动。

（十三）特种作业

特种作业是指在劳动过程中容易发生伤亡事故，对操作者本人，尤其对他人和周围设施的安全有重大危害因素的作业。直接从事特种作业者，称特种作业人员。

（十四）安全检查

安全检查是指建设行政主管部门、施工企业安全生产管理部门或项目经理，对施工企业和工程项目经理部贯彻国家安全生产法律及法规的情况、安全生产情况、劳动条件、事故隐患等进行的检查。

（十五）安全事故

安全事故是人们在进行有目的的活动中，发生了违背人们意愿的不幸事件，使其有目的的行动暂时或永久地停止。重大安全事故，是指在施工过程中由于责任过失造成工程倒塌或废弃、机械设备破坏和安全设施失当造成人身伤亡或者重大经济损失的事故。

（十六）安全评价

安全评价是采用系统科学的方法，辨别和分析系统存在的危险性并根据其形成事故的风险大小，采取相应的安全措施，以达到系统安全的过程。安全评价的基本内容有：识别危险源、评价风险、采取措施，直到达到安全目标。

（十七）安全标识

安全标识由安全色、几何图形符号构成，以此表达特定的安全信息。其目的是引起人们对不安全因素的注意，预防事故的发生。安全标识分为禁止标识、警告标识、指令标识、提示性标识四类。

二、工程施工特点

建筑业的生产活动危险性大，不安全因素多，是事故多发行业。建筑施工的特点主要是：

1. 工程建设最大的特点就是产品固定，这是它不同于其他行业的根本点，建筑产品是固定的，体积大、生产周期长。建筑物一旦施工完毕就固定了，生产活动都是围绕着建筑物、构筑物来进行的，有限的场地上集中了大量的人员、建筑材料、设备零部件和施工机具等，这样的情况可以持续几个月或一年，有的甚至需要七八年，工程才能完成。

2. 高处作业多，工人常年在室外操作。一栋建筑物从基础、主体结构到屋面工程、室外装修等，露天作业约占整个工程的70%。现在的建筑物一般都在7层以上，绝大部分工人都在十几米或几十米的高处从事露天作业。工作条件差，且受到气候条件多变的影响。

3. 手工操作多，繁重的劳动消耗大量体力。建筑业是劳动密集型的传统行业之一，大多数工种需要手工操作。近几年来，墙体材料有了改革，出现了大模、滑模、大板等施工工艺，但就全国来看，绝大多数墙体仍然是使用黏土砖、水泥空心砖和小砌块砌筑。

4. 现场变化大。每栋建筑物从基础、主体到装修，每道工序都不同，不安全因素也就不同，即使同一工序由于施工工艺和施工方法不同，生产过程也不同。而随着工程进度的推进，施工现场的施工状况和不安全因素也随之变化。为了完成施工任务，要采取很多临时性措施。

5. 近年来，建筑任务已由以工业为主向以民用建筑为主转变，建筑物由低层向高层发展，施工现场由较为宽阔的场地向狭窄的场地变化。施工现场的吊装工作量增多，垂直运输的办法也多了，多采用龙门架（或井字架）、高大旋转塔吊等。随着流水施工技术和网络施工技术的运用，交叉作业也随之大量增加，木工机械如电平刨、电锯普遍使用。因施工条件变化，伤亡类别增多。过去是"钉子扎脚"等小事故较多，现在则是机械伤害、高处坠落、触电等事故较多。

建筑施工复杂，加上流动分散、工期不固定，比较容易形成临时观念，不采取可靠的安全防护措施，存在侥幸心理，伤亡事故必然频繁发生。

第二节　施工安全因素

一、安全因素特点

安全是在人类生产过程中，将系统的运行状态对人类的生命、财产、环境可能产生的损害控制在人类能接受水平以下的状态。安全因素的定义就是在某一指定范围内与安全有关的因素。水利水电工程施工安全因素有以下特点：

第一，安全因素的确定取决于所选的分析范围，此处分析范围可以指整个工程，也可以针对具体工程的某一施工过程或者某一部分的施工，例如围堰施工、升船机施工等。

第二，安全因素的辨识依赖于对施工内容的了解，对工程危险源的分析以及运作安全风险评价的人员的安全工作经验。

第三，安全因素具有针对性，并不是对于整个系统事无巨细地考虑，安全因素的选取具有一定的代表性和概括性。

第四，安全因素具有灵活性，只要能对所分析的内容具有一定概括性，能达到系统分析效果的，都可成为安全因素。

第五，安全因素是进行安全风险评价的关键点，是构成评价系统框架的节点。

二、施工过程行为因素

采用 HFACS 框架对导致工程施工事故发生的行为因素进行分析。对标准的 HFACS 框架进行修订，以适应水电工程施工实际的安全管理、施工作业技术措施、人员素质等状况。框架的修改遵循四个原则：①删除在事故案例分析中出现频率极少的因素，包括对工程施工影响较小和难以在事故案例中找到的潜在因素；②对相似的因素进行合并，避免重复统计，从而无形之中提高类似因素在整个工程施工当中的重要性；③针对水电工程施工的特点，对因素的定义、因素的解释和其涵盖的具体内容进行适当的调整；④HFACS 框架是从国外引进的，将部分因素的名称加以修改，以更贴切我国工程施工安全管理业务的习惯用语。

对标准 HFACS 框架修改如下：

（一）企业组织影响

企业（包括水电开发企业、施工承包单位、监理单位）组织层的差错属于最高级别的差错，它的影响通常是间接的、隐性的，因而常会被安全管理人员所忽视。在进行事故分析时，很难挖掘起企业组织层的缺陷；而一经发现，其改正的代价也很高，但是却更能加强系统的安全。一般而言，组织影响包括三方面：

1. 资源管理

主要指组织资源分配及维护决策存在的问题，如安全组织体系不完善、安全管理人员配备不足、资金设施等管理不当、过度削减与安全相关的经费（安全投入不足）等。

2. 安全文化与氛围

可以定义为影响管理人员与作业人员绩效的多种变量，包括组织文化和政策，比如信息流通传递不畅、企业政策不公平、只奖不罚或滥奖、过于强调惩罚等都属于不良的文化与氛围。

3．组织流程

主要涉及组织经营过程中的行政决定和流程安排，如施工组织设计不完善、企业安全管理程序存在缺陷、制定的某些规章制度及标准不完善等。

其中，"安全文化与氛围"这一因素，虽然在提高安全绩效方面具有积极作用，但不好定性衡量，在事故案例报告中也未明确地指明，而且在工程施工各类人员成分复杂的结构当中，其传播较难有一个清晰的脉络。为了简化分析过程，将该因素去除。

（二）安全监管

1．监督（培训）不充分

指监督者或组织者没有提供专业的指导、培训、监督等。若组织者没有提供充足的CRM培训，或某个管理人员、作业人员没有这样的培训机会，则班组协同合作能力将会大受影响，出现差错的概率必然增加。

2．作业计划不适当

包括这样几种情况，班组人员配备不当，如没有职工带班，没有提供足够的休息时间，任务或工作负荷过量。整个班组的施工节奏以及作业安排由于赶工期等原因安排不当，会使得作业风险加大。

3．隐患未整改

指的是管理者知道人员、培训、施工设施、环境等相关安全领域的不足或隐患之后，仍然允许其持续下去的情况。

4．管理违规

指的是管理者或监督者有意违反现有的规章程序或安全操作规程，如允许没有资格、未取得相关特种作业证的人员作业等。

以上四项因素在事故案例报告中均有体现，虽然相互之间有关联，但各有差异，彼此独立，因此，均加以保留。

（三）不安全行为的前提条件

这一层级指出了直接导致不安全行为发生的主客观条件，包括作业人员状态、环境因素和人员因素。将"物理环境"改为"作业环境"，"施工人员资源管理"改为"班组管理"，"人员准备情况"改为"人员素质"。定义如下：

1．作业环境

既指操作环境（如气象、高度、地形等），也指施工人员周围的环境，如作业部位的高温、振动、照明、有害气体等。

2. 技术措施

包括安全防护措施、安全设备和设施设计、安全技术交底的情况，以及作业程序指导书与施工安全技术方案等一系列情况。

3. 班组管理

属于人员因素，常为许多不安全行为的产生创造前提条件。未认真开展"班前会"及搞好"预知危险活动"；在施工作业过程中，安全管理人员、技术人员、施工人员等相互间信息沟通不畅、缺乏团队合作等问题属于班组管理不良。

4. 人员素质

包括体力（精力）差、不良心理状态与不良生理状态等生理心理素质，如精神疲劳，失去情境意识，工作中自满、安全警惕性差等属于不良心理状态；生病、身体疲劳或服用药物等引起生理状态差，当操作要求超出个人能力范围时会出现身体、智力局限，同时为安全埋下隐患，如视觉局限、休息时间不足、体能不适应等；以及没有遵守施工人员的休息要求、培训不足、滥用药物等属于个人准备情况的不足。

将标准 HFACS 的"体力（精力）限制""不良心理状态"与"不良生理状态"合并，是因为这三者可能互相影响和转换。"体力（精力）限制"可能会导致"不良心理状态"与"不良生理状态"，此处便产生了重复，增加了心理和生理状态在所有因素当中的比重。同时，"不良心理状态"与"不良生理状态"之间也可能相互转化，由于心理状态的失调往往会带来生理上的伤害，而生理上的疲劳等因素又会引起心理状态的变化，两者相辅相成，常常是共同存在的。此外，没有充分的休息、滥用药物、生病、心理障碍也可以归结为人员准备不足，因此，将"体力（精力）限制""不良心理状态"与"不良生理状态"合并至"人员素质"。

（四）施工人员的不安全行为

人的不安全行为是系统存在问题的直接表现。将这种不安全行为分成三类：知觉与决策差错、技能差错以及操作违规。

1. 知觉与决策差错

"知觉差错"和"决策差错"通常是并发的，由于对外界条件、环境因素以及施工器械状况等现场因素感知上产生的失误，进而导致做出错误的决定。决策差错指由于经验不足，缺乏训练或外界压力等造成，也可能理解问题不彻底，如紧急情况判断错误、决策失败等。知觉差错指一个人的感知觉和实际情况不一致，就像出现视错觉和空间定向障碍一样，可能是由于工作场所光线不足，或在不利地质、气象条件下作业等。

2. 技能差错

包括漏掉程序步骤、作业技术差、作业时注意力分配不当等。不依赖于所处的环境，而是由施工人员的培训水平决定，而在操作当中不可避免地发生，因此应该作为独立的因素保留。

3. 操作违规

故意或者主观不遵守确保安全作业的规章制度，分为习惯性的违章和偶然性的违规。前者是组织或管理人员常常能容忍和默许的，常造成施工人员习惯成自然。而后者偏离规章或施工人员通常的行为模式，一般会被立即禁止。

经过修订的新框架，根据工程施工的特点重新选择了因素。在实际的工程施工事故分析以及制定事故防范与整改措施的过程中，通常会成立事故调查组对某一类原因，比如施工人员的不安全行为进行调查，给出处理意见及建议。应用 HFACS 框架的目的之一是尽快找到并确定在工程施工中，所有已经发生的事故当中，哪一类因素占相对重要的部分，可以集中人力和物力资源对该因素所反映的问题进行整改。对于类似的或者可以归为一类的因素整体考虑，科学决策，将结果反馈给整改单位，由他们完成相关一系列后续工作。因此，修订后的 HFACS 框架通过对标准框架因素的调整，加强了独立性和概括性，使得能更合理地反映水电工程施工的实际状况。

第三节　安全管理体系

一、安全管理体系内容

（一）建立健全安全生产责任制

安全生产责任制是安全管理的核心，是保障安全生产的重要手段，它能有效地预防事故的发生。

安全生产责任制是根据"管生产必须管安全""安全生产人人有责"的原则，明确各级领导和各职能部门及各类人员在生产活动中应负的安全职责的制度。有些安全生产责任制，就能把安全与生产从组织形式上统一起来，把"管生产必须管安全"的原则从制度上固定下来，从而增强了各级管理人员的安全责任心，使安全管理纵向到底、横向到边、专管成线、群管成网、责任明确、协调配合、共同努力，真正把安全生产工作落到实处。

安全生产责任制的内容要分级制定和细化，如企业、项目、班组都应建立各级安全生产责任制，按其职责分工，确定各自的安全责任，并组织实施和考评，保证安全生产责任制的落实。

（二）制定安全教育制度

安全教育制度是企业对职工进行安全法律、法规、规范、标准、安全知识和操作规程培训教育的制度，是提高职工安全意识的重要手段，是企业安全管理的一项重要内容。

安全教育制度内容应规定：定期和不定期安全教育的时间、应受教育的人员、教育的内容和形式，如新工人、外施队人员等进场前必须接受三级（公司、项目、班组）安全教育。从事危险性较大的特殊工种的人员必须经过专门的培训机构培训合格后持证上岗，每年还必须进行一次安全操作规程的训练和再教育。对采用新工艺、新设备、新技术和变换工种的人员应进行安全操作规程和安全知识的培训和教育。

（三）制定安全检查制度

安全检查是发现隐患、消除隐患、防止事故、改善劳动条件和环境的重要措施，是企业预防安全生产事故的一项重要手段。

安全检查制度内容应规定：安全检查负责人、检查时间、检查内容和检查方式。它包括经常性的检查、专业化的检查、季节性的检查和专项性的检查，以及群众性的检查等。对于检查出的隐患应进行登记，并采取定人、定时间、定措施的"三定"办法给予解决，同时对整改情况进行复查验收，彻底消除隐患。

（四）制定各工种安全操作规程

工种安全操作规程是消除和控制劳动过程中的不安全行为，预防伤亡事故，确保作业人员的安全和健康需要的措施，也是企业安全管理的重要制度之一。

安全操作规程的内容应根据国家和行业安全生产法律、法规、标准、规范，结合施工现场的实际情况制定出各种安全操作规程。同时根据现场使用的新工艺、新设备、新技术，制定出相应的安全操作规程，并监督其实施。

（五）制定安全生产奖罚办法

企业制定安全生产奖罚办法的目的是不断提高劳动者进行安全生产的自觉性，调动劳动者的积极性和创造性，防止和纠正违反法律、法规和劳动纪律的行为，也是企业安全管理的重要制度之一。

安全生产奖罚办法规定奖罚的目的、条件、种类、数额、实施程序等。企业只有建立安全生产奖罚办法，做到有奖有罚、奖罚分明，才能鼓励先进、督促落后。

（六）制定施工现场安全管理规定

施工现场安全管理规定是施工现场安全管理制度的基础，目的是规范施工现场安全防护设施的标准化、定型化。

施工现场安全管理规定的内容包括：施工现场一般安全规定、安全技术管理、脚手架工程安全管理（包括特殊脚手架、工具式脚手架等）、电梯井操作平台安全管理、马路搭设安全管理、大模板拆装存放安全管理、水平安全网、井字架龙门架安全管理、孔洞临边防护安全管理、拆除工程安全管理等。

（七）制定机械设备安全管理制度

机械设备是指目前建筑施工普遍使用的垂直运输和加工机具，由于机械设备本身存在一定的危险性，管理不当就可能造成机毁人亡。所以它是目前施工安全管理的重点对象。

机械设备安全管理制度应规定，大型设备应到上级有关部门备案，符合国家和行业有关规定，还应设专人负责定期进行安全检查、保养，保证机械设备处于良好的状态，以及各种机械设备的安全管理制度。

（八）制定施工现场临时用电安全管理制度

施工现场临时用电是目前建筑施工现场离不开的一项操作，由于其使用广泛、危险性比较大，因此它牵涉到每个劳动者的安全，也是施工现场一项重要的安全管理制度。

施工现场临时用电管理制度的内容应包括：外电的防护、地下电缆的保护、设备的接地与接零保护、配电箱的设置及安全管理规定（总箱、分箱、开关箱）、现场照明、配电线路、电器装置、变配电装置、用电档案的管理等。

（九）制定劳动防护用品管理制度

使用劳动防护用品是为了减轻或避免劳动过程中，劳动者受到的伤害和职业危害，保护劳动者安全健康的一项预防性辅助措施，是安全生产防止职业性伤害的需要，对于减少职业危害起着相当重要的作用。

劳动防护用品制度的内容应包括：安全网、安全帽、安全带、绝缘用品、防职业病用品等。

二、建立健全安全组织机构

施工企业一般都有安全组织机构，但必须建立健全项目安全组织机构，确定安全生产目标，明确参与各方对安全管理的具体分工，安全岗位责任与经济利益挂钩，根据项目的性质规模不同，采用不同的安全管理模式。对于大型项目，必须安排专门的安全总负责人，并配以合理的班子，共同进行安全管理，建立安全生产管理的资料档案。实行单位领导对整个施工现场负责，专职安全员对部位负责，班组长和施工技术员对各自的施工区域负责，操作者对自己的工作范围负责的"四负责"制度。

三、安全管理体系建立步骤

（一）领导决策

最高管理者亲自决策，以便获得各方面的支持和在体系建立过程中所需的资源保证。

（二）成立工作组

最高管理者或授权管理者代表成立的工作小组负责建立安全管理体系。工作小组的成员要覆盖组织的主要职能部门，组长最好由管理者代表担任，以保证小组对人力、资金、信息的获取。

（三）人员培训

培训的目的是使有关人员了解建立安全管理体系的重要性，了解标准的主要思想和内容。

（四）初始状态评审

初始状态评审要对组织过去和现在的安全信息、状态进行收集、调查分析、识别和获取现有的、适用的法律、法规和其他要求，进行危险源辨识和风险评价，评审的结果将作为制订安全方针、管理方案、编制体系文件的基础。

（五）制订方针、目标、指标的管理方案

方针是组织对其安全行为的原则和意图的声明，也是组织自觉承担其责任和义务的承诺。方针不仅为组织确定了总的指导方向和行动准则，而是评价一切后续活动的依据，并为更加具体的目标和指标提供一个框架。

安全目标、指标的制定是组织为了实现其在安全方针中所体现出的管理理念及其对整体绩效的期许与原则，与企业的总目标相一致。

管理方案是实现目标、指标的行动方案。为保证安全管理体系的实现，须结合年度管理目标和企业客观实际情况，策划制订安全管理方案。该方案应明确旨在实现目标、指标相关部门的职责、方法、时间表以及资源的要求。

第四节　施工安全控制

一、安全操作要求

（一）爆破作业

1. 爆破器材的运输

气温低于10℃运输易冻的硝化甘油炸药时，应采取防冻措施；气温低于−15℃运输硝化甘油炸药时，也应采取防冻措施；禁止用翻斗车、自卸汽车、拖车、机动三轮车、人力三轮车、摩托车和自行车等运输爆破器材；运输炸药雷管时，装车高度要低于车厢10cm。车厢、船底应加软垫。雷管箱不许倒放或立放，层间也应垫软垫；水路运输爆破器材，停泊地点距岸上建筑物不得小于250m；汽车运输爆破器材，汽车的排气管宜设在车前下侧，并应设置防火罩装置；汽车在视线良好的情况下行驶时，时速不得超过20km（工区内不得超过15km）；在弯多坡陡、路面狭窄的山区行驶，时速应保持在5km以内。平坦道路行车间距应大于50m，上下坡应大于300m。

2. 爆破

明挖爆破音响依次发出预告信号（现场停止作业，人员迅速撤离）、准备信号、起爆信号、解除信号。检查人员确认安全后，由爆破作业负责人通知警报室发出解除信号。在特殊情况下，如准备工作尚未结束，应由爆破负责人通知警报延后发布起爆信号，并用广播器通知现场全体人员。装药和堵塞应使用木、竹制做的炮棍，严禁使用金属棍棒装填。

深孔、竖井、倾角大于30°的斜井、有瓦斯和粉尘爆炸危险等工作面的爆破，禁止采用火花起爆；炮孔的排距较密时，导火索的外露部分不得超过1.0m，以防止导火索互相交错而起火；一人连续单个点火的火炮，暗挖不得超过5个，明挖不得超过10个；并应在爆破负责人的指挥下，做好分工及撤离工作；当信号炮响后，全部人员应立即撤出炮区，迅速到安全地点掩蔽；点燃导火索应使用专用点火工具，禁止使用火柴和打火机等。

用于同一爆破网路内的电雷管，电阻值应相同。网路中的支线、区域线和母线彼此连接之前各自的两端应绝缘；装炮前工作面一切电源应切除，照明至少设于距工作面 30m 以外，只有确认炮区无漏电、感应电后，才可装炮；雷雨天严禁采用电爆网路；供给每个电雷管的实际电流应大于准爆电流，网路中全部导线应绝缘；有水时导线应架空；各接头应用绝缘胶布包好，两条线的搭接口禁止重叠，至少应错开 0.1m；测电阻只许使用经过检查的专用爆破测试仪表或线路电桥；严禁使用其他电气仪表进行量测；通电后若发生拒爆，应立即切断母线电源，将母线两端拧在一起，锁上电源开关箱进行检查；进行检查的时间：对于即发电雷管，至少在 10min 以后；对于延发电雷管，至少在 15min 以后。

导爆索只准用快刀切割，不得用剪刀剪断导火索；支线要顺主线传爆方向连接，搭接长度不应少于 15cm，支线与主线传爆方向的夹角应不大于 90°；起爆导爆索的雷管，其聚能穴应朝向导爆索的传爆方向；导爆索交叉敷设时，应在两根交叉爆索之间设置厚度不小于 10cm 的木质垫板；连接导爆索中间不应出现断裂破皮、打结或打圈现象。

用导爆管起爆时，应有设计起爆网路，并进行传爆试验；网路中所使用的连接元件应经过检验合格；禁止导爆管打结，禁止在药包上缠绕；网路的连接处应牢固，两元件应相距 2m；敷设后应严加保护，防止冲击或损坏；一个 8 号雷管起爆导爆管的数量不宜超过 40 根，层数不宜超过 3 层，只有确认网路连接正确，与爆破无关人员已经撤离，才准许接入引爆装置。

（二）起重作业

钢丝绳的安全系数应符合有关规定。根据起重机的额定负荷，计算好每台起重机的吊点位置，最好采用平衡梁抬吊。每台起重机所分配的荷重不得超过其额定负荷的 75%～80%。应由专人统一指挥，指挥者应站在两台起重机司机都能看到的位置。重物应保持水平，钢丝绳应保持垂直受力均衡。具备经有关部门批准的安全技术措施。起吊重物离地面 10cm 时，应停机检查绳扣、吊具和吊车的刹车可靠性，仔细观察周围有无障碍物，确认无问题后，方可继续起吊。

（三）脚手架拆除作业

拆脚手架前，必须将电气设备和其他管、线、机械设备等拆除或加以保护。拆脚手架时，应统一指挥，按顺序自上而下进行；严禁上下层同时拆除或自下而上进行。拆下的材料，禁止往下抛掷，应用绳索捆牢，用滑车、卷扬等方法慢慢放下来，集中堆放在指定地点。拆脚手架时，严禁采用将整个脚手架推倒的方法进行拆除。三级、特级及悬空高处作业使用的脚手架拆除时，必须事先制定安全可靠的措施才能进行拆除。拆除脚手架的区域内，无关人员禁止逗留和通过，在交通要道应设专人警戒。架子搭成后，未经有关人员同意，不得任意改变脚手架的结构和拆除部分杆子。

（四）常用安全工具

安全帽、安全带、安全网等施工生产使用的安全防护用具，应符合国家规定的质量标准，具有厂家安全生产许可证、产品合格证和安全鉴定合格证书，否则不得采购、发放和使用。高处临空作业应按规定架设安全网，作业人员使用的安全带，应挂在牢固的物体上或可靠的安全绳上，安全带严禁低挂高用。挂安全带用的安全绳，不宜超过 3m。在有毒有害气体可能泄漏的作业场所，应配置必要的防毒护具，以备急用，并及时检查维修更换，保证其处在良好待用状态。电气操作人员应根据工作条件选用适当的安全电工用具和防护用品，电工用具应符合安全技术标准并定期检查，凡不符合技术标准要求的绝缘安全用具、登高作业安全工具、携带式电压和电流指示器以及检修中的临时接地线等，均不得使用。

二、安全控制要点

（一）一般脚手架安全控制要点

1. 脚手架搭设之前应根据工程的特点和施工工艺要求确定搭设（包括拆除）施工方案。

2. 脚手架必须设置纵横向扫地杆。

3. 高度在 24m 以下的单、双排脚手架均必须在外侧立面的两端各设置一道剪刀撑并应由底至顶连续设置中间各道剪刀撑。剪刀撑及横向斜撑搭设应随立杆、纵向和横向水平杆等同步搭设，各底层斜杆下端必须支承在垫块或垫板上。

4. 高度在 24m 以下的单、双排脚手架宜采用刚性连墙件与建筑物可靠连接，亦可采用拉筋和顶撑配合使用的附墙连接方式，严禁使用仅有拉筋的柔性连墙件。24m 以上的双排脚手架必须采用刚性连墙件与建筑物可靠连接，连墙件必须采用可承受拉力和压力的构造。50m 以下（含 50m）脚手架连墙件，应按 3 步 3 跨进行布置，50m 以上的脚手架连墙件应按 2 步 3 跨进行布置。

（二）一般脚手架检查与验收程序

脚手架的检查与验收应由项目经理组织项目施工，技术、安全、作业班组负责人等有关人员参加，按照技术规范、施工方案、技术交底等有关技术文件对脚手架进行分段验收，在确认符合要求后方可投入使用。

脚手架及其地基基础应在下列阶段进行检查和验收：

1. 基础完工后及脚手架搭设前。

2. 作业层上施加荷载前。

3. 每搭设完 10~13m 高度后。

4. 达到设计高度后。

5. 遇有 6 级及以上大风与大雨后。

6. 寒冷地区土层开冻后。

7. 停用超过一个月的，在重新投入使用之前。

（三）附着式升降脚手架，整体提升脚手架或爬架作业安全控制要点

附着式升降脚手架（整体提升脚手架或爬架）作业要针对提升工艺和施工现场作业条件编制专项施工方案，专项施工方案包括设计、施工、检查、维护和管理等全部内容。

安装搭设必须严格按照设计要求和规定程序进行，安装后经验收并进行荷载试验，确认符合设计要求后，方可正式使用。

进行提升和下降作业时，架上人员和材料的数量不得超过设计规定并尽可能减少。

升降前必须仔细检查附着连接和提升设备的状态是否良好，发现异常应及时查找原因并采取措施解决。

升降作业应统一指挥，协调动作。

在安装、升降、拆除作业时，应划定安全警戒范围并安排专人进行监护。

（四）洞口、临边防护控制

1. 洞口作业安全防护基本规定

（1）各种楼板与墙的洞口按其大小和性质应分别设置牢固的盖板、防护栏杆、安全网或其他防坠落的防护设施。

（2）坑槽、桩孔的上口柱形、条形等基础的上口以及天窗等处都要作为洞口采取符合规范的防护措施。

（3）楼梯口、楼梯口边应设置防护栏杆或者用正式工程的楼梯扶手代替临时防护栏杆。

（4）井口除设置固定的栅门外，还应在电梯井内每隔两层不大于 10m 处设一道安全

平网进行防护。

（5）在建工程的地面入口处和施工现场人员流动密集的通道上方应设置防护棚，防止因落物产生物体打击事故。

（6）施工现场大的坑槽、陡坡等处除须设置防护设施与安全警示标牌外，夜间还应设红灯示警。

2. 洞口的防护设施要求

（1）楼板、屋面和平台等面上短边尺寸小于25cm但大于2.5cm的孔口必须用坚实的盖板盖严，盖板要有防止挪动移位的固定措施。

（2）楼板面等处边长为25～50cm的洞口、安装预制构件时的洞口以及因缺件临时形成的洞口可用竹、木等做盖板盖住洞口，盖板要保持四周搁置均衡并有固定其位置不发生挪动移位的措施。

（3）边长为50～150cm的洞口必须设置一层以扣件连接钢管而成的网格栅，并在其上满铺竹篱笆或脚手板，也可采用贯穿于混凝土板内的钢筋构成防护网栅、钢盘网格，间距不得大于20cm。

（4）边长在150cm以上的洞口四周必须设防护栏杆，洞口下方设安全平网防护。

3. 施工用电安全控制

（1）施工现场临时用电设备在5台及以上或设备总容量在50kW及以上者应编制用电组织设计。临时用电设备在5台以下和设备总容量在50kW以下者应制定安全用电和电气防火措施。

（2）变压器中性点直接接地的低压电网临时用电工程必须采用TN-S接零保护系统。

（3）当施工现场与外线路共用同一供电系统时，电气设备的接地、接零保护应与原系统保持一致，不得一部分设备做保护接零，另一部分设备做保护接地。

（4）配电箱的设置

①施工用电配电系统应设置总配电箱配电柜、分配电箱、开关箱，并按照"总—分—开"顺序做分级设置形成"三级配电"模式。

②施工用电配电系统各配电箱、开关箱的安装位置要合理。总配电箱配电柜要尽量靠近变压器或外电源处以便于电源的引入。分配电箱应尽量安装在用电设备或负荷相对集中区域的中心地带，确保三相负荷保持平衡。开关箱安装的位置应视现场情况和工况尽量靠近其控制的用电设备。

③为保证临时用电配电系统三相负荷平衡施工现场的动力用电和照明用电应形成两个用电回路，动力配电箱与照明配电箱应该分别设置。

④施工现场所有用电设备必须有各自专用的开关箱。

⑤各级配电箱的箱体和内部设置必须符合安全规定，开关电器应标明用途，箱体应统一编号。停止使用的配电箱应切断电源，箱门上锁。固定式配电箱应设围栏并有防雨防砸措施。

（5）电器装置的选择与装配

在开关箱中作为末级保护的漏电保护器，其额定漏电动作电流不应大于 30mA，额定漏电动作时间不应大于 0.1s。在潮湿、有腐蚀性介质的场所中，漏电保护器要选用防溅型的产品，其额定漏电动作电流不应大于 15mA，额定漏电动作时间不应大于 0.1s。

（6）施工现场照明用电

①在坑、洞、井内作业，夜间施工或厂房、道路、仓库、办公室、食堂、宿舍、料具堆放场所及自然采光差的场所应设一般照明、局部照明或混合照明。一般场所宜选用额定电压 220V 的照明器。

②隧道、人防工程、高温、有导电灰尘、比较潮湿或灯具离地面高度低于 2.5m 等场所的照明电源电压不得大于 36V。

③潮湿和易触及带电体场所的照明电源电压不得大于 24V。

④特别潮湿场所、导电良好的地面、锅炉或金属容器内的照明电源电压不得大于 12V。

⑤照明变压器必须使用双绕组型安全隔离变压器，严禁使用自耦变压器。

⑥室外 220V 灯具距地面不得低于 3m，室内 220V 灯具距地面不得低于 2.5m。

4．垂直运输机械安全控制

（1）外用电梯安全控制要点

①外用电梯在安装和拆卸之前必须针对其类型特点说明书的技术要求，结合施工现场的实际情况制订详细的施工方案。

②外用电梯的安装和拆卸作业必须由取得相应资质的专业队伍进行安装完毕，经验收合格取得政府相关主管部门核发的准用证后方可投入使用。

③外用电梯在大雨、大雾和 6 级及 6 级以上大风天气时应停止使用。暴风雨过后应组织对电梯各有关安全装置进行一次全面检查。

（2）塔式起重机安全控制要点

①塔吊在安装和拆卸之前必须针对类型特点说明书的技术要求结合作业条件制订详细的施工方案。

②塔吊的安装和拆卸作业必须由取得相应资质的专业队伍进行安装完毕，经验收合格

取得政府相关主管部门核发的准用证后方可投入使用。

③遇 6 级及 6 级以上大风等恶劣天气应停止作业将吊钩升起。行走式塔吊要夹好轨钳。当风力达 10 级以上时应在塔身结构上设置缆风绳或采取其他措施加以固定。

第五节　安全应急预案

一、事故应急预案

为控制重大事故的发生，防止事故蔓延，有效地组织抢险和救援，政府和生产经营单位应对已初步认定的危险场所和部位进行风险分析。对认定的危险有害因素和重大危险源，应事先对事故后果进行模拟分析，预测重大事故发生后的状态、人员伤亡情况及设备破坏和损失程度，以及由于物料的泄漏可能引起的火灾、爆炸，有毒有害物质扩散对单位可能造成的影响。

依据预测，提前制订重大事故应急预案，组织、培训事故应急救援队伍，配备事故应急救援器材，以便在重大事故发生后，能及时按照预定方案进行救援，在最短时间内使事故得到有效控制。编制事故应急预案的主要目的有以下两个方面：

①采取预防措施使事故控制在局部，消除蔓延条件，防止突发性重大或连锁事故发生。

②能在事故发生后迅速控制和处理事故，尽可能减轻事故对人员及财产的影响，保障人员生命和财产安全。

事故应急预案是事故应急救援体系的主要组成部分，是事故应急救援工作的核心内容之一，是及时、有序、有效地开展事故应急救援工作的重要保障。事故应急预案的作用体现在以下几个方面：①事故应急预案确定了事故应急救援的范围和体系，使事故应急救援不再无据可依、无章可循，尤其是通过培训和演练，可以使应急人员熟悉自己的任务，具备完成指定任务所需的相应能力，并检验预案和行动程序，评估应急人员的整体协调性。②事故应急预案有利于做出及时的应急响应，降低事故后果。应急行动对时间要求十分敏感，不允许有任何拖延。事故应急预案预先明确了应急各方的职责和响应程序，在应急救援等方面进行了先期准备，可以指导事故应急救援迅速、高效、有序地开展，将事故造成的人员伤亡、财产损失和环境破坏降到最低限度。③事故应急预案是各类突发事故的应急基础。通过编制事故应急预案，可以对那些事先无法预料到的突发事故起到基本的应急指导作用，成为开展事故应急救援的"底线"。在此基础上，可以针对特定事故类别编制专项事故应急预案，并有针对性地制定应急措施、进行专项应对准备和演习。④事故应急预案建立了与上级单位和部门事故应急救援体系的衔接。通过编制事故应急预案可以确保当发生超过本级应急能力的重大事故时与有关应急机构的联系和协调。⑤事故应急预案有利于提高风险防范意识。事故应急预案的编制、评审、发布、宣传、推演、教育和培训，有利于各方了解可能面临的重大事故及其相应的应急措施，有利于促进各方提高风险防范意识和能力。

二、应急预案的编制

（一）成立事故预案编制小组

应急预案的成功编制需要有关职能部门和团体的积极参与，并达成一致意见，尤其是应寻求与危险直接相关的各方进行合作。成立事故应急预案编制小组是将各有关职能部门、各类专业技术有效结合起来的最佳方式，可有效地保证应急预案的准确性、完整性和实用性，而且为应急各方提供了一个非常重要的协作与交流机会，有利于统一应急各方的不同观点和意见。

（二）危险分析和应急能力评估

为了准确策划事故应急预案的编制目标和内容，应开展危险分析和应急能力评估工作。为有效开展此项工作，预案编制小组首先应进行初步的资料收集，包括相关法律法规、应急预案、技术标准、国内外同行业事故案例分析、本单位技术资料、重大危险源等。

1. 危险分析

危险分析是应急预案编制的基础和关键过程。在危险因素辨识分析、评价及事故隐患排查、治理的基础上，确定本区域或本单位可能发生事故的危险源、事故的类型、影响范围和后果等，并指出事故可能产生的次生、衍生事故，形成分析报告，分析结果作为应急预案的编制依据。危险分析主要内容为危险源的分析和危险度评估。危险源的分析主要包括有毒、有害、易燃、易爆物质的企事业单位的名称、地点、种类、数量、分布、产量、储存、危险度、以往事故发生情况和发生事故的诱发因素等。事故源潜在危险度的评估就是在对危险源进行全面调查的基础上，对企业单位的事故潜在危险度进行全面的科学评估，为确定目标单位危险度的等级找出科学的数据依据。

2. 应急能力评估

应急能力评估就是依据危险分析的结果，对应急资源的准备状况充分性和从事应急救援活动所具备的能力评估，以明确应急救援的需求和不足，为事故应急预案的编制奠定基础。应急能力包括应急资源（应急人员、应急设施、装备和物资）、应急人员的技术、经验和接受的培训等，它将直接影响应急行动的快速、有效性。制订应急预案时应当在评估与潜在危险相适应的应急能力的基础上，选择最现实、最有效的应急策略。

（三）应急预案编制

针对可能发生的事故，结合危险分析和应急能力评估结果等信息，按照应急预案的相关法律法规的要求编制应急救援预案。在应急预案编制过程中，应注意编制人员的参与和培训，充分发挥他们各自的专业优势，使他们掌握危险分析和应急能力评估结果，明确应急预案的框架、应急过程行动重点以及应急衔接、联系要点等。同时，编制的应急预案应充分利用社会应急资源，考虑与政府应急预案、上级主管单位以及相关部门的应急预案相衔接。

（四）应急预案的评审和发布

1. 应急预案的评审

为使预案切实可行、科学合理以及与实际情况相符，尤其是重点目标下的具体行动预案，编制前后需要组织有关部门、单位的专家、领导到现场进行实地勘察，如重点目标周围地形、环境、指挥所位置、分队行动路线、展开位置、人口疏散道路及流散地域等实地勘察、实地确定。经过实地勘察修改预案后，应急预案编制单位或管理部门还要依据我国有关应急的方针、政策、法律、法规、规章、标准和其他有关应急预案编制的指南性文件与评审检查表，组织有关部门、单位的领导和专家进行评议，取得政府有关部门和应急机构的认可。

2. 应急预案的发布

事故应急救援预案经评审通过后，应由最高行政负责人签署发布，并报送有关部门和应急机构备案。预案经批准发布后，应组织落实预案中的各项工作，如开展应急预案宣传、教育和培训，落实应急资源并定期检查，组织开展应急演习和训练，建立电子化的应急预案，对应急预案实施动态管理与更新，并不断完善。

三、事故应急预案主要内容

一个完整的事故应急预案主要包括以下 6 个方面的内容：

（一）事故应急预案概况

事故应急预案概况主要描述生产经营单位概况以及危险特性状况等，同时对紧急情况下事故应急救援紧急事件、适用范围提供简述并做必要说明，如明确应急方针与原则，作为开展应急的纲领。

（二）预防程序

预防程序是对潜在事故、可能的次生与衍生事故进行分析，并说明所采取的预防和控制事故的措施。

（三）准备程序

准备程序应说明应急行动前所需采取的准备工作，包括应急组织及其职责权限、应急队伍建设和人员培训、应急物资的准备、预案的演练、公众的应急知识培训、签订互助协议等。

（四）应急程序

在事故应急救援过程中，存在一些必需的核心功能和任务，如接警与通知、指挥与控制、警报和紧急公告、通信、事态监测与评估、警戒与治安、人群疏散与安置、医疗与卫生、公共关系、应急人员安全、消防和抢险、泄漏物控制等，无论何种应急过程都必须围绕上述功能和任务开展。应急程序主要指实施上述核心功能和任务的步骤。

1. 接警与通知

准确了解事故的性质和规模等初始信息是决定启动事故应急救援的关键。接警作为应急响应的第一步，必须对接警要求做出明确规定，保证迅速、准确地向报警人员询问事故现场的重要信息。接警人员接受报警后，应按预先确定的通报程序，迅速向有关应急机构、政府及上级部门发出事故通知，以采取相应的行动。

2. 指挥与控制

建立统一的应急指挥、协调和决策程序，便于对事故进行初始评估，确认紧急状态，从而迅速有效地进行应急响应决策，建立现场工作区域，确定重点保护区域和应急行动的优先原则，指挥和协调现场各救援队伍开展救援行动，合理高效地调配和使用应急资源等。

3. 警报和紧急公告

当事故可能影响到周边地区，对周边地区的公众可能造成威胁时，应及时启动警报系统，向公众发出警报，同时通过各种途径向公众发出紧急公告，告知事故性质，对健康的影响、自我保护措施、注意事项等，以保证公众能够及时做出自我保护响应。决定实施疏散时，应通过紧急公告确保公众了解疏散的有关信息，如疏散时间、路线、随身携带物、交通工具及目的地等。

4. 通信

通信是应急指挥、协调和与外界联系的重要保障，在现场指挥部、应急中心、各事故应急救援组织、新闻媒体、医院、上级政府和外部救援机构之间，必须建立完善的应急通信网络，在事故应急救援过程中应始终保持通信网络畅通，并设立备用通信系统。

5. 事态监测与评估

在事故应急救援过程中必须对事故的发展势态及影响及时进行动态的监测，建立对事故现场及场外的监测和评估程序。事态监测在事故应急救援中起着非常重要的决策支持作用，其结果不仅是控制事故现场，制定消防、抢险措施的重要决策依据，也是划分现场工作区域、保障现场应急人员安全、实施公众保护措施的重要依据。即使在现场恢复阶段，也应当对现场和环境进行监测。

6. 警戒与治安

为保障现场事故应急救援工作的顺利开展，在事故现场周围建立警戒区域，实施交通管制，维护现场治安秩序是十分必要的，其目的是要防止与救援无关人员进入事故现场，保障救援队伍、物资运输和人群疏散等的交通畅通，并避免发生不必要的伤亡。

7. 人群疏散与安置

人群疏散是防止人员伤亡扩大的关键，也是最彻底的应急响应。应当对疏散的紧急情况和决策、预防性疏散准备、疏散区域、疏散距离、疏散路线、疏散运输工具、避难场所以及回迁等做出细致的规定和准备，应考虑疏散人群的数量、所需要的时间、风向等环境变化以及老弱病残等特殊人群的疏散等问题。对已实施临时疏散的人群，要做好临时生活安置，保障必要的水、电、卫生等基本条件。

8. 医疗与卫生

对受伤人员采取及时、有效的现场急救，合理转送医院进行治疗，是减少事故现场人员伤亡的关键。医疗人员必须了解城市主要的危险并经过培训，掌握对受伤人员进行正确消毒和治疗的方法。

9. 公共关系

事故发生后，不可避免地引起新闻媒体和公众的关注。应将有关事故的信息、影响、救援工作的进展等情况及时向媒体和公众公布，以消除公众的恐慌心理，避免公众的猜疑和不满。应保证事故和救援信息的统一发布，明确事故应急救援过程中对媒体和公众的发言人和信息批准、发布的程序，避免信息的不一致性。同时，还应处理好公众的有关咨询，接待和安抚受害者家属。

10. 应急人员安全

水利水电工程施工安全事故的应急救援工作危险性极大，必须对应急人员自身的安全问题进行周密的考虑，包括安全预防措施、个体防护设备、现场安全监测等，明确紧急撤离应急人员的条件和程序，保证应急人员免受事故的伤害。

11. 抢险与救援

抢险与救援是事故应急救援工作的核心内容之一，其目的是为了尽快地控制事故的发展，防止事故的蔓延和进一步扩大，从而最终控制住事故，并积极营救事故现场的受害人员。尤其是涉及危险物质的泄漏、火灾事故，其消防和抢险工作的难度和危险性十分巨大，应对消防和抢险的器材和物资、人员的培训、方法和策略以及现场指挥等做好周密的安排和准备。

12. 危险物质控制

危险物质的泄漏或失控，将可能引发火灾、爆炸或中毒事故，对工人和设备等造成严重危险。而且，泄漏的危险物质以及夹带有毒物质的灭火用水，都可能对环境造成重大影响，同时也会给现场救援工作带来更大的危险。因此，必须对危险物质进行及时有效的控制，如对泄漏物的围堵、收容和洗消，并进行妥善处置。

（五）恢复程序

恢复程序是说明事故现场应急行动结束后所需要采取的清除和恢复行动。现场恢复是在事故被控制住后进行的短期恢复，从应急过程来说意味着事故应急救援工作的结束，并进入另一个工作阶段，即将现场恢复到一个基本稳定的状态。经验教训表明，在现场恢复的过程中往往仍存在潜在的危险，如余烬复燃、受损建筑物倒塌等，所以，应充分考虑现场恢复过程中的危险，制定恢复程序，防止事故再次发生。

（六）预案管理与评审改进

事故应急预案是事故应急救援工作的指导文件。应当对预案的制订、修改、更新、批准和发布做出明确的管理规定，保证定期或在应急演习、事故应急救援后对事故应急预案进行评审，针对各种变化的情况以及预案中所暴露出的缺陷，不断地完善事故应急预案体系。

第六节　安全事故处理

一、安全事故概述

（一）概念

工伤事故就是企业员工在为公司或工厂进行施工建设中因为某种原因造成的伤亡事故。对于工伤事故，我国国务院早就做出过规定，《工人职员伤亡事故报告规程》指出"企业对于工人职员在生产区域中所发生的和生产有关的伤亡事故（包括急性中毒）必须按规定进行调查、登记统计和报告"。从目前的情况来看，除了施工单位的员工以外，工伤事故的发生群体还包括民工、临时工和参加生产劳动的学生、教师、干部等。

（二）伤亡事故的分类

一般来说，伤亡事故的分类都是根据受伤害者受到的伤害程度进行划分的。

1. 轻伤

轻伤是职工受到伤害程度最低的一种工伤事故，按照相关法律的规定，员工如果受到轻伤而造成歇工一天或一天以上就应视为轻伤事故处理。

2. 重伤事故

重伤的情况分为很多种，一般来说凡是有下列情况之一者，都属于重伤，作为重伤事故处理。

（1）经医生诊断成为残疾或可能成为残疾的。

（2）伤势严重，需要进行较大手术才能挽救的。

（3）人体要害部位或非要害部位严重灼伤、烫伤，但灼伤、烫伤占全身面积 1/3 以上的；严重骨折，严重脑震荡等。

（4）眼部受伤较重，对视力产生影响，甚至有失明可能的。

（5）手部伤害：大拇指轧断一节的，食指、中指、无名指任何一指轧断两节或任何两指轧断一节的局部肌肉受伤严重，引起机能障碍，有不能自由伸屈的残疾可能的。

（6）脚部伤害：一脚脚趾轧断三根以上的，局部肌肉受伤甚剧，有不能行走自如的残疾的可能的；内部伤害，内脏损伤、内出血或伤及腹膜等。

（7）其他部位伤害严重的，不在上述各点内，经医师诊断后，认为受伤较重，根据实际情况由当地劳动部门审查认定。

3. 多人事故

在施工过程中如果出现多人（3 人或 3 人以上）受伤的情况，那么应认定为多人工伤事故。

4. 急性中毒

急性中毒是指由于食物、饮水、接触物等原因造成的员工中毒。急性中毒会对受害者的机体造成严重的伤害，一般作为工伤事故处理。

5. 重大伤亡事故

重大伤亡事故是指在施工过程中，由于事故造成一次死亡 1~2 人的事故，应作为重大伤亡事故处理。

6. 多人重大伤亡事故

多人重大伤亡事故是指在施工过程中，由于事故造成一次死亡 3 人或 3 人以上 10 人以下的重大工伤事故。

7. 特大伤亡事故

特大伤亡事故是指在施工过程中，由于事故造成一次死亡 10 人或 10 人以上的伤亡事故。

二、事故处理程序

一般来说，如果在施工过程中发生重大伤亡事故，企业负责人员应在第一时间组织伤员的抢救，并及时将事故情况报告给各有关部门，具体来说分为以下三个主要步骤：

（一）迅速抢救伤员、保护好事故现场

在工伤事故发生之后，施工单位的负责人应迅速组织人员对伤员展开抢救，并拨打 120 急救热线；另外，还要保护好事故现场，帮助劳动责任认定部门进行劳动责任认定。

（二）组织调查组

轻伤、重伤事故，由企业负责人或其指定人员组织生产、技术、安全等部门及工会组成事故调查组，进行调查；伤亡事故，由企业主管部门会同同级行政安全管理部门、公安部门、监察部门、工会组成事故调查组，进行调查。死亡和重大死亡事故调查组应邀请人

民检察院参加，还可邀请有关专业技术人员参加，与发生事故有直接利害关系的人员不得参加调查组。

（三）现场勘察

1. 做出笔录

通常情况下，笔录的内容包括事发时间、地点以及气象条件等；现场勘察人员的姓名、单位、职务；现场勘察起止时间、勘察过程；能量逸散所造成的破坏情况、状态、程度；设施设备损坏情况及事故发生前后的位置；事故发生前的劳动组合，现场人员的具体位置和行动；重要物证的特征、位置及检验情况等。

2. 实物拍照

包括方位拍照，反映事故现场在周围环境中的位置；全面拍照，反映事故现场各部位之间的联系；中心拍照，反映事故现场中心情况；细目拍照，提示事故直接原因的痕迹物、致害物；人体拍照，反映伤亡者主要受伤和造成伤害的部位。

3. 现场绘图

根据事故的类别和规模以及调查工作的需要应绘制：建筑物平面图、剖面图；事故发生时人员位置及疏散图；破坏物立体图或展开图；涉及范围图；设备或工、器具构造图等。

4. 分析事故原因、确定事故性质

分析的步骤和要求是：

（1）通过详细的调查、查明事故发生的经过。

（2）整理和仔细阅读调查资料，对受伤部位、受伤性质、起因物、致害物、伤害方法、不安全行为和不安全状态等七项内容进行分析。

（3）根据调查所确认的事实，从直接原因入手，逐渐深入到间接原因。通过对原因的分析，确定事故的直接责任者和领导责任者；根据在事故发生中的作用，找出主要责任者。

（4）确定事故的性质。如责任事故、非责任事故或破坏性事故。

5. 写出事故调查报告

事故调查组应着重把事故发生的经过、原因、责任分析和处理意见以及本次事故的教训和改进工作的建议等写成报告，以调查组全体人员签字后报批。如内部意见不统一，应进一步弄清事实，对照政策法规反复研究，统一认识。对于个别同志仍持有不同意见的，

可在签字时写明自己的意见。

6. 事故的审理和结案

住建部对事故的审批和结案有以下几点要求：

（1）事故调查处理结论，应经有关机关审批后，方可结案。伤亡事故处理工作应当在90日内结案，特殊情况不得超过180日。

（2）事故案件的审批权限，同企业的隶属关系及人事管理权限一致。

（3）对事故责任人的处理，应根据其情节轻重和损失大小，谁有责任，主要责任，其次责任，重要责任，一般责任，还是领导责任等，按规定给予处分。

（4）要把事故调查处理的文件、图纸、照片、资料等记录长期完整地保存起来。

第六章 水利工程施工进度控制

第一节 施工进度计划的作用和类型

一、施工进度计划的作用

施工进度计划具有以下作用：

1. 控制工程的施工进度，使之按期或提前竣工，并交付使用或投入运转。

2. 通过施工进度计划的安排，加强工程施工的计划性，使施工能均衡、连续、有节奏地进行。

3. 从施工顺序和施工进度等组织措施上保证工程质量和施工安全。

4. 合理使用建设资金、劳动力、材料和机械设备，达到多、快、好、省地进行工程建设的目的。

5. 确定各施工时段所需的各类资源的数量，为施工准备提供依据。

6. 施工进度计划是编制更细一层进度计划（如月、旬作业计划）的基础。

二、施工进度计划的类型

施工进度计划按编制对象的大小和范围不同可分为施工总进度计划、单项工程施工进度计划、单位工程施工进度计划、分部工程施工进度计划和施工作业计划等类型。下面只对常见的几种进度计划进行概述。

（一）施工总进度计划

施工总进度计划是以整个水利水电枢纽工程为编制对象，拟定出其中各个单项工程和单位工程的施工顺序及建设进度，以及整个工程施工前的准备工作和完工后的结尾工作的项目与施工期限。因此，施工总进度计划属于轮廓性（或控制性）的进度计划，在施工过程中主要控制和协调各单项工程或单位工程的施工进度。

　　施工总进度计划的任务是：分析工程所在地区的自然条件、社会经济资源、影响施工质量与进度的关键因素，确定关键性工程的施工分期和施工程序，并协调安排其他工程的施工进度，使整个工程施工前后兼顾、互相衔接、均衡生产，从而最大限度地合理使用资金、劳动力、设备、材料，在保证工程质量和施工安全的前提下，使工程按时或提前建成投产。

（二）单项工程施工进度计划

　　单项工程施工进度计划是以枢纽工程中的主要工程项目（如大坝、水电站等单项工程）为编制对象，并将单项工程划分成单位工程或分部、分项工程，拟定出其中各项目的施工顺序和建设进度，以及相应的施工准备工作内容与施工期限。它以施工总进度计划为基础，要求进一步从施工程序、施工方法和技术供应等条件上，论证施工进度的合理性和可靠性，尽可能组织流水作业，并研究加快施工进度和降低工程成本的具体措施。反过来，又可根据单项工程施工进度计划对施工总进度计划进行局部微调或修正，并编制劳动力和各种物资的技术供应计划。

（三）单位工程施工进度计划

　　单位工程施工进度计划是以单位工程（如土坝的基础工程、防渗体工程、坝体填筑工程等）为编制对象，拟定出其中各分部、分项工程的施工顺序、建设进度以及相应的施工准备工作内容和施工期限。它以单项工程施工进度计划为基础进行编制，属于实施性进度计划。

（四）施工作业计划

　　施工作业计划是以某一施工作业过程（即分项工程）为编制对象，制定出该作业过程的施工起止日期以及相应的施工准备工作内容和施工期限。它是最具体的实施性进度计划。在施工过程中，为了加强计划管理工作，各施工作业班组都应在单位（单项）工程施工进度计划的要求下，编制出年度、季度或逐月（旬）的作业计划。

第二节 施工总进度计划的编制

一、施工总进度计划的编制原则

编制施工总进度计划应遵循以下原则：

1. 认真贯彻执行党的方针政策、国家法令法规、上级主管部门对本工程建设的指示和要求。

2. 加强与施工组织设计及其他各专业的密切联系，统筹考虑，以关键性工程的施工分期和施工程序为主导，协调安排其他各单项工程的施工进度。同时，进行必要的多方案比较，从中选择最优方案。

3. 在充分掌握及认真分析基本资料的基础上，尽可能采用先进的施工技术和设备，最大限度地组织均衡施工，力争全年施工，加快施工进度。同时，应做到实事求是，并留有余地，保证工程质量和施工安全。当施工情况发生变化时，要及时调整施工总进度。

4. 充分重视和合理安排准备工程的施工进度。在主体工程开工前，相应各项准备工作应基本完成，为主体工程的开工和顺利进行创造条件。

5. 对高坝、大库容的工程，应研究分期建设或分期蓄水的可能性，尽可能减少第一批机组投产前的工程投资。

二、施工总进度计划的编制方法

（一）基本资料的收集和分析

在编制施工总进度计划之前和编制过程中，要不断收集和完善编制施工总进度所需的基本资料。这些基本资料主要包括以下部分：

1. 上级主管部门对工程建设的指示和要求，有关工程的合同协议。如设计任务书，工程开工、竣工、投产的顺序和日期，对施工承建方式和施工单位的意见，工程施工机械化程度、技术供应等方面的指示，国民经济各部门对施工期间防洪、灌溉、航运、供水、过木等方面的要求。

2. 设计文件和有关的法规、技术规范、标准。

3. 工程勘测和技术经济调查资料。如地形、水文、气象资料，工程地质与水文地质资料，当地建筑材料资料，工程所在地区和库区的工矿企业、矿产资源、水库淹没和移民安置等资料。

4. 工程规划设计和概预算方面的资料。如工程规划设计的文件和图纸、主管部门的投资分配和定额资料等。

5. 施工组织设计其他部分对施工进度的限制和要求。如施工场地情况、交通运输能力、资金到位情况、原材料及工程设备供应情况、劳动力供应情况、技术供应条件、施工导流与分期、施工方法与施工强度限制以及供水、供电、供风和通信情况等。

6. 施工单位施工技术与管理方面的资料、已建类似工程的经验及施工组织设计资料等。

7. 征地及移民搬迁安置情况。

8. 其他有关资料，如环境保护、文物保护和野生动物保护等。

收集了以上资料后，应着手对各部分资料进行分析和比较，找出控制进度的关键因素。尤其是施工导流与分期的划分，截流时段的确定，围堰挡水标准的拟定，大坝的施工程序及施工强度、加快施工进度的可能性，坝基开挖顺序及施工方法、基础处理方法和处理时间，各主要工程所采用的施工技术与施工方法、技术供应情况及各部分施工的衔接，现场布置与劳动力、设备、材料的供应与使用等。只有充分掌握这些基本情况，并理顺它们之间的关系，才能做出既符合客观实际又满足主管部门要求的施工总进度安排。

（二）施工总进度计划的编制步骤

1. 划分并列出工程项目

总进度计划的项目划分不宜过细。列项时，应根据施工部署中分期、分批开工的顺序和相互关联的密切程度依次进行，防止漏项，突出每一个系统的主要工程项目，分别列入工程名称栏内。对于一些次要的零星项目，则可合并到其他项目中去。例如河床中的水利水电工程，若按扩大单项工程列项，则可以有准备工作、导流工程、拦河坝工程、溢洪道工程、引水工程、电站厂房、升压变电站、水库清理工程、结束工作等。

2. 计算工程量

工程量的计算一般应根据设计图纸、工程量计算规则及有关定额手册或资料进行。其数值的准确性直接关系到项目持续时间的误差，进而影响进度计划的准确性。当然，设计深度不同，工程量的计算（估算）精度也不同。在有设计图的情况下，还要考虑工程性质、工程分期、施工顺序等因素，按土方、石方、混凝土、水上、水下、开挖、回填等不同情况，分别计算工程量。某些情况下，为了分期、分层或分段组织施工的需要，还应分别计算不同高程（如对大坝）、不同桩号（如对渠道）的工程量，作出累计曲线，以便分期、分段组织施工。计算工程量常采用列表的方式进行。工程量的计量单位要与使用的定额单位相吻合。

3. 计算各项目的施工持续时间

确定进度计划中各项工作的作业时间是计算项目计划工期的基础。在工作项目的实物工程量一定的情况下，工作持续时间与安排在工程上的设备水平、人员技术水平、人员与设备数量、效率等有关。

4. 分析确定项目之间的逻辑关系

项目之间的逻辑关系取决于工程项目的性质和轻重缓急、施工组织、施工技术等许多因素，概括说来分为以下两大类：

工艺关系，即由施工工艺决定的施工顺序关系。在作业内容、施工技术方案确定的情况下，这种工作逻辑关系是确定的，不得随意更改。如一般土建工程项目，应按照先地下后地上、先基础后结构、先土建后安装再调试、先主体后围护（或装饰）的原则安排施工顺序。现浇柱子的工艺顺序为：扎柱筋→支柱模→浇筑混凝土→养护和拆模。土坝坝面作业的工艺顺序为：铺土→平土→晾晒或洒水→压实→刨毛。它们在施工工艺上，都有必须遵循的逻辑顺序，违反这种顺序将付出额外的代价，甚至造成巨大损失。

组织关系，即由施工组织安排决定的施工顺序关系。如工艺上没有明确规定先后顺序关系的工作，由于考虑到其他因素（如工期、质量、安全、资源限制、场地限制等）的影响而人为安排的施工顺序关系，均属此类。例如，由导流方案所形成的导流程序，决定了各控制环节所控制的工程项目，从而也就决定了这些项目的衔接顺序。再如，采用全段围堰隧洞导流的导流方案时，通常要求在截流以前完成隧洞施工、围堰进占、库区清理、截流备料等工作，由此形成了相应的衔接关系。又如，由于劳动力的调配、施工机械的转移、建筑材料的供应和分配、机电设备进场等原因，一些项目安排在先，另一些项目安排在后，均属组织关系所决定的顺序关系。由组织关系所决定的衔接顺序，一般是可以改变的。只要改变相应的组织安排，有关项目的衔接顺序就会发生相应的变化。

项目之间的逻辑关系，是科学地安排施工进度的基础，应逐项研究，认真确定。

5. 初拟施工总进度计划

通过对项目之间进行逻辑关系分析，掌握工程进度的特点，理清工程进度的脉络，初步拟订出一个施工进度方案。在初拟进度时，一定要抓住关键，分清主次，理清关系，互相配合，合理安排。要特别注意把与洪水有关、受季节性限制较严、施工技术比较复杂的控制性工程的施工进度安排好。

对于堤坝式水利水电枢纽工程，其关键项目一般位于河床，故施工总进度的安排应以导流程序为主要线索。先将施工导流、围堰截流、基坑排水、坝基开挖、基础处理、施工度汛、坝体拦洪、下闸蓄水、机组安装和引水发电等关键性工程控制进度安排好，其中应包括相应的准备、结束工作和配套辅助工程的进度。这样构成的总的轮廓进度即进度计划的骨架，然后再配合安排不受水文条件控制的其他工程项目，以形成整个枢纽工程的施工总进度计划草案。

需要注意的是，在初拟控制性进度计划时，对于围堰截流、拦洪度汛、蓄水发电等关键项目，一定要进行充分论证，并落实相关措施。否则，如果延误了截流时机，影响了发电计划，对工期的影响和造成国民经济的损失往往是非常巨大的。

对于引水式水利水电工程，有时引水建筑物的施工期限成为控制总进度的关键，此时总进度计划应以引水建筑物为主来进行安排，其他项目的施工进度要与之相适应。

6. 调整和优化

初拟进度计划形成以后，要配合施工组织设计其他部分的分析，对一些控制环节、关键项目的施工强度、资源需用量、投资过程等重大问题进行分析计算。若发现主要工程的施工强度过大或施工强度不均衡（此时也必然引起资源使用的不均衡）时，就应进行调整和优化，使新的计划更加完善，更加切实可行。

必须强调的是，施工进度的调整和优化往往要反复进行，工作量大而枯燥。现阶段已普遍采用优化程序进行电算。

7. 编制正式施工总进度计划

经过调整优化后的施工进度计划，可以作为设计成果在整理以后提交审核。施工进度计划的成果可以用横道进度表（又称横道图或甘特图）的形式表示，也可以用网络图（包括时标网络图）的形式表示。此外，还应提交有关主要工种工程施工强度、主要资源须用强度和投资费用动态过程等方面的成果。

三、落实、平衡、调整、修正计划

在完成草拟工程进度后，要对各项进度安排逐项落实。根据工程的施工条件、施工方法、机具设备、劳动力和材料供应以及技术质量要求等有关因素，分析论证所拟进度是否切合实际，各项进度之间是否协调。研究主体工程的工程量是否大体均衡，进行综合平衡工作。对原拟进度草案进行调整、修正。

以上简要地介绍了施工总进度计划的编制步骤。在实际工作中不能机械地划分这些步骤，而应该将其联系起来，大体上依照上述程序来编制施工总进度计划。当初步设计阶段的施工总进度计划获批后，在技术设计阶段还要结合单项工程进度计划的编制，修正总进度计划。在工程施工中，再根据施工条件的演变情况予以调整，用来指导工程施工，控制工程工期。

第三节　网络进度计划

一、双代号网络图

用一条箭线表示一项工作（或工序），在箭线首尾用节点编号表示该工作的开始和结束。其中，箭尾节点表示该工作开始，箭头节点表示该工作结束。根据施工顺序和相互关系，将一项计划的所有工作用上述符号从左至右绘制而成的网状图形，称为双代号网络图。用这种网络图表示的计划叫作双代号网络计划。

双代号网络图是由箭线、节点和线路三个要素所组成的，现将其含义和特性分述如下：

第一，箭线。在双代号网络图中，一条箭线表示一项工作。需要注意的是，根据计划编制的粗细不同，工作所代表的内容、范围是不一样的，但任何工作（虚工作除外）都需要占用一定的时间，并消耗一定的资源（如劳动力、材料、机械设备等）。因此，凡是占用一定时间的施工活动，例如基础开挖、混凝土浇筑、混凝土养护等，都可以看成一项工作。

除表示工作的实箭线外，还有一种虚箭线。它表示一项虚工作，没有工作名称，不占用时间，也不消耗资源，其主要作用是在网络图中解决工作之间的连接或断开关系问题。另外，箭线的长短并不表示工作持续时间的长短。箭线的方向表示施工过程的进行方向，绘图时应保持自左向右的总方向。

第二，节点。网络图中表示工作开始、结束或连接关系的圆圈称为节点。节点仅为前后诸工作的交接之点，只是一个"瞬间"，它既不消耗时间，也不消耗资源。

网络图的第一个节点称为起点节点，它表示一项计划（或工程）的开始；最后一个节点称为终点节点，它表示一项计划（或工程）的结束；其他节点称为中间节点。任何一个中间节点都既是其前面各项工作的结束节点，又是其后面各项工作的开始节点。因此，中间节点可反映施工的形象进度。

节点编号的顺序是，从起点节点开始，依次向终点节点进行。编号的原则是，每一条箭线的箭头节点编号必须大于箭尾节点编号，并且所有节点的编号不能重复出现。

第三，线路。在网络图中，顺箭线方向从起点节点到终点节点所经过的一系列由箭线和节点组成的可通路径称为线路。一个网络图可能只有一条线路，也可能有多条线路，各条线路上所有工作持续时间的总和称为该条线路的计算工期。其中，工期最长的线路称为关键线路（即主要矛盾线），其余线路则称为非关键线路。位于关键线路上的工作称为关键工作，位于非关键线路上的工作则称为非关键工作。关键工作完成的快慢直接影响整个计划的总工期。关键工作在网络图上通常用粗箭线、双箭线或红色箭线表示。当然，在一个网络图上，有可能出现多条关键线路，它们的计算工期是相等的。

在网络图中，关键工作的比重不宜过大，这样才有助于工地指挥者集中力量抓主要矛盾。

关键线路与非关键线路、关键工作与非关键工作，在一定条件下是可以相互转化的。例如，当采取了一定的技术组织措施，缩短了关键线路上有关工作的作业时间，或使其他非关键线路上有关工作的作业时间延长时，就可能出现这种情况。

（一）绘制双代号网络图的基本规则

1. 网络图必须正确地反映各工序的逻辑关系。在绘制网络图之前，要确定施工的顺序，明确各工作之间的衔接关系，根据施工的先后次序逐步把代表各工作的箭线连接起来，绘制成网络图。

2. 一个网络图只允许有一个起点节点和一个终点节点，即除网络的起点和终点外，不得再出现没有外向箭线的节点，也不得再出现没有内向箭线的节点。

3. 网络图中不允许出现循环线路。在网络图中从某一节点出发，沿某条线路前进，最后又回到此节点，出现循环现象，就是循环线路。

4. 网络图中不允许出现代号相同的箭线。网络图中每一条箭线都各有一个开始节点和结束节点的代号，号码不能完全重复。一项工作只能有唯一的代号。

5. 网络图中严禁出现没有箭尾节点的箭线和没有箭头节点的箭线。

6. 网络图中严禁出现双向箭头或无箭头的线段。因为网络图是一种单向图，施工活动是沿着箭头指引的方向去逐项完成的。因此，一条箭线只能有一个箭头，且不可能出现无箭头的线段。

7. 绘制网络图时，尽量避免箭线交叉。当交叉不可避免时，可采用过桥法或断线法表示。

8. 如果要表明某工作完成一定程度后，后道工序要插入，可采用分段画法，不得从箭线中引出另一条箭线。

（二）双代号网络图绘制示例

双代号网络图绘制步骤如下：

1. 根据已知的紧前工作，确定出紧后工作，并自左至右先画紧前工作，后画紧后工作。

2. 若没有相同的紧后工作或只有相同的紧后工作，则肯定没有虚箭线；若既有相同的紧后工作，又有不同的紧后工作，则肯定有虚箭线。

3. 到相同的紧后工作用虚箭线，到不同的紧后工作则无虚箭线。

（三）双代号网络图时间参数计算

网络图时间参数计算的目的是，确定各节点的最早可能开始时间和最迟必须开始时间，各工作的最早可能开始时间和最早可能完成时间、最迟必须开始时间和最迟必须完成时间，以及各工作的总时差和自由时差，以便确定整个计划的完成日期、关键工作和关键线路，从而为网络计划的执行、调整和优化提供科学的数据。时间参数的计算可采用不同的方法，如图上作业法、表上作业法和电算法等。

二、单代号网络图

（一）单代号网络图的表示方法

单代号网络图也是由许多节点和箭线组成的，但是节点和箭线的意义与双代号有所不同。单代号网络图的一个节点代表一项工作，而箭线仅表示各项工作之间的逻辑关系。因此，箭线既不占用时间，也不消耗资源。用这种表示方法，把一项计划的所有施工过程按其先后顺序和逻辑关系从左至右绘制成的网状图形，叫作单代号网络图。用这种网络图表示的计划叫单代号网络计划。

与双代号网络图相比，单代号网络图具有这些优点：工作之间的逻辑关系更为明确，容易表达，且没有虚工作；网络图绘制简单，便于检查、修改。因此，国内单代号网络图得到越来越广泛的应用，而国外单代号网络图早已取代双代号网络图。

（二）单代号网络图的绘制规则

同双代号网络图一样，绘制单代号网络图也必须遵循一定的规则，这些基本规则具体如下：

1. 网络图必须按照已定的逻辑关系绘制。

2. 不允许出现循环线路。

3. 工作代号不允许重复，一个代号只能代表唯一的工作。

4. 当有多项开始工作或多项结束工作时，应在网络图两端分别增加一虚拟的起点节点和终点节点。

5. 严禁出现双向箭头或无箭头的线段。

6. 严禁出现没有箭尾节点或箭头节点的箭线。

（三）单代号网络计划的时间参数计算

1. 计算工作的最早开始时间和最早完成时间

工作 i 的最早开始时间 T_i^{ES} 应从网络图的起点节点开始，顺着箭线方向依次逐个计算。起点节点的最早开始时间 T_i^{ES} 如无规定，即其值等于零，即

$$T_i^{ES} = 0 \qquad (6-1)$$

其他工作的最早开始时间等于该工作的紧前工作的最早完成时间的最大值，即

$$T_i^{ES} = \max\{T_h^{EF}\} = \max\{T_h^{ES} + D_h\} \qquad (6-2)$$

式（6-2）中，T_h^{EF}——工作 i 的紧前工作 h 的最早完成时间；T_h^{ES}——工作 i 的紧前工作 h 的最早开始时间；D_h——工作 i 的紧前工作 h 的工作持续时间。

工作的最早完成时间 T_i^{EF} 等于工作的最早开始时间加该工作的持续时间，即

$$T_i^{EF} = T_i^{ES} + D_i \qquad (6-3)$$

2. 网络计划工期 T_c 的计算

计算工期的公式为

$$T_c = T_n^{EF} \qquad (6-4)$$

式（6-4）中，T_n^{EF} 表示终点节点 n 的最早完成时间。

3. 相邻两项工作之间的时间间隔的计算

工作 i 到工作 j 之间的时间间隔 $T_{i,j}^{LAG}$ 是工作 j 的最早开始时间与工作 i 的最早完成时间的差值，其大小按式（6-5）计算：

$$T_{i,j}^{LAG} = T_j^{ES} - T_i^{EF} \qquad (6-5)$$

4. 工作最迟开始时间和工作最迟完成时间的计算

工作的最迟完成时间应从网络图的终点节点开始，逆着箭线方向依次逐项计算。终点节点所代表的工作 n 的最迟完成时间 T_n^{LF}，应按网络计划的计划工期。或计算工期 T_p 确定，即

$$T_n^{LF} = T_p \text{ 或 } T_n^{LF} = T_c \qquad (6-6)$$

工作的最迟完成时间等于该工作的紧后工作的最迟开始时间的最小值，即

$$T_i^{LF} = \min\{T_j^{LS}\} = \min\{T_j^{LF} - D_j\} \qquad (6-7)$$

式（6-7）中，T_j^{LS} 表示工作 i 的紧后工作 j 的最迟开始时间；T_j^{LF} 表示工作 i 的紧后工作

j 的最迟完成时间；D_j 表示工作 i 的紧后工作 j 的持续时间。

工作的最迟开始时间等于该工作的最迟完成时间减去工作持续时间，即

$$T_i^{LS} = T_i^{LF} - D_i \qquad (6-8)$$

（5）工作总时差的计算

工作总时差应从网络图的终点节点开始，逆着箭线方向依次逐项计算。

终点节点所代表的工作 n 的总时差 F_n^T 为零，即

$$F_n^T = 0 \qquad (6-9)$$

其他工作的总时差等于该工作与其紧后工作之间的时间间隔加上该紧后工作的总时差所得之和的最小值，即

$$F_i^T = \min\{T_{i,j}^{LAG} + F_j^T\} \qquad (6-10)$$

式（6-10）中，F_j^T 表示工作 i 的紧后工作 j 的总时差。

当已知各项工作的最迟完成时间或最迟开始时间时，工作的总时差也可按式（6-11）计算：

$$F_i^T = T_i^{LS} - T_i^{ES} = T_i^{LF} - T_i^{EF} \qquad (6-11)$$

（6）工作自由时差的计算

工作的自由时差等于该工作与其紧后工作之间的时间间隔的最小值，或等于其紧后工作最早开始时间的最小值减去本工作的最早完成时间，即

$$F_i^F = \min\{T_j^{ES} - T_i^{EF}\} = \min\{T_j^{ES} - T_i^{ES} - D_i\} \qquad (6-12)$$

寻找关键线路的方法有以下几种：

①凡是 T_i^{ES} 与 T_i^{LS} 相等（或 T_i^{EF} 与 T_i^{LF} 相等）的工作都是关键工作，把这些关键工作连接起来形成自始至终的线路就是关键线路。

② $T_{i,j}^{LAG} = 0$，并且由始点至终点能连通的线路，就是关键线路。由终点向始点找比较方便，因为在非关键线路上也存在 $T_{i,j}^{LAG} = 0$ 的情况。

③工作总时差为零的关键工作连成的自始至终的线路，就是关键线路。

第七章 水利工程施工质量控制

第一节　质量管理与质量控制

一、掌握质量管理与质量控制的关系

（一）质量管理

1. 质量管理是指确立质量方针及实施质量方针的全部职能及工作内容，并对其工作效果进行评价和改进的一系列工作。

2. 按照质量管理的概念，组织必须通过建立质量管理体系实施质量管理。其中，质量方针是组织最高管理者的质量宗旨、经营理念和价值观的反映。在质量方针的指导下，通过质量管理手册、程序性管理文件、质量记录的制定，并通过组织制度的落实、管理人员与资源配置、质量活动的责任分工与权限界定等，形成组织质量管理体系的运行机制。

（二）质量控制

1. 质量控制是质量管理的一部分，致力于满足质量要求的一系列相关活动。由于建设工程项目的质量要求是由业主（或投资者、项目法人）提出的，即建设工程项目的质量总目标，是业主的建设意图通过项目策划，包括项目的定义及建设规模、系统构成、使用功能和价值、规格档次标准等的定位策划和目标决策来确定的。因此，建设工程项目质量控制，在工程勘察设计、招标采购、施工安装、竣工验收等各个阶段，项目干系人均应围绕着致力于满足业主要求的质量总目标而展开。

2. 质量控制所致力的一系列相关活动，包括作业技术活动和管理活动。产品或服务质量的产生，归根结底是由作业技术过程直接形成的。因此，作业技术方法的正确选择和作业技术能力的充分发挥，就是质量控制的关键点，它包含了技术和管理两个方面。必须认识到，组织或人员具备相关的作业技术能力，只是产出合格产品或服务质量的前提。在社会化大生产的条件下，只有通过科学的管理，对作业技术活动过程进行组织和协调，才能使作业技术能力得到充分发挥，实现预期的质量目标。

3. 质量控制是质量管理的一部分而不是全部。两者的区别在于概念不同、职能范围不同和作用不同。质量控制是在明确的质量目标和具体的条件下，通过行动方案和资源配置的计划、实施、检查和监督，进行质量目标的事前预控、事中控制和事后纠偏控制，实现预期质量目标的系统过程。

二、了解质量控制

质量控制的基本原理是运用全面全过程质量管理的思想和动态控制的原理，进行质量的事前预控、事中控制和事后纠偏控制。

（一）事前质量预控

事前质量预控就是要求预先进行周密的质量计划，包括质量策划、管理体系、岗位设置，把各项质量职能活动，包括作业技术和管理活动建立在有充分能力、条件保证和运行机制的基础上。对于建设工程项目，尤其施工阶段的质量预控，就是通过施工质量计划或施工组织设计或施工项目管理设施规划的制订过程，运用目标管理的手段，实施工程质量事前预控，或称为质量的计划预控。

事前质量预控必须充分发挥组织的技术和管理方面的整体优势，把长期形成的先进技术、管理方法和经验智慧，创造性地应用于工程项目。

事前质量预控要求针对质量控制对象的控制目标、活动条件、影响因素进行周密分析，找出薄弱环节，制定有效的控制措施和对策。

（二）事中质量控制

事中质量控制也称作业活动过程质量控制，是指质量活动主体的自我控制和他人监控的控制方式。自我控制是第一位的，即作业者在作业过程中对自己质量活动行为的约束和技术能力的发挥，以完成预定质量目标的作业任务；他人监控是指作业者的质量活动过程和结果，接受来自企业内部管理者和来自企业外部有关方面的检查检验，如工程监理机构、政府质量监督部门等的监控。事中质量控制的目标是确保工序质量合格，杜绝质量事故发生。

由此可知，质量控制的关键是增强质量意识，发挥操作者的自我约束、自我控制，即坚持质量标准是根本的，他人监控是必要的补充，没有前者或用后者取代前者都是不正确的。因此，有效进行过程质量控制，就在于创造一种过程控制的机制和活力。

（三）事后质量控制

事后质量控制也称为事后质量把关，以使不合格的工序或产品不流入后道工序、不流入市场。事后质量控制的任务就是对质量活动结果进行评价、认定，对工序质量偏差进行纠正，对不合格产品进行整改和处理。

从理论上分析，对于建设工程项目，如果计划预控过程所制订的行动方案考虑得越周密，事中自控能力越强、监控越严格，则实现质量预期目标的可能性就越大。理想的状况就是希望做到各项作业活动"一次成活""一次交验合格率达100%"。但要达到这样的管理水平和质量形成能力是相当不容易的，即使经过坚持不懈的努力，也还可能有个别工序或分部分项施工质量会出现偏差，这是因为在作业过程中不可避免地会存在一些计划是难以预料的因素，包括系统因素和偶然因素的影响。

建设工程项目质量的事后控制，具体体现在施工质量验收各个环节的控制方面。

以上系统控制的三大环节，不是孤立和截然分开的，它们之间构成有机的系统过程，实质上也就是质量管理PDCA循环的具体化，并在每一次滚动循环中不断提高，达到质量管理和质量控制的持续改进。

第二节 建设工程项目质量控制与验收

一、建设工程项目质量控制系统

（一）掌握建设工程项目质量控制系统的构成

建设工程项目质量控制系统，在实践中有多种叫法，常见的有质量管理体系、质量控制体系、质量管理系统、质量控制网络、质量管理网络、质量保证系统等。工程项目开工前，总监理工程师应审查承包单位现场项目管理机构的质量管理体系、技术管理体系和质量保证体系，确能保证工程项目施工质量时予以确认。对于质量管理体系、技术管理体系和质量保证体系，应审核这些内容：质量管理、技术管理和质量保证的组织机构；质量管理、技术管理制度；专职管理人员和特种作业人员的资格证、上岗证。

由此可见，上述规范中已经使用了"质量管理体系""技术管理体系"和"质量保证体系"三个不同的体系名称。而建设工程项目的现场质量控制，除承包单位和监理机构外，业主、分包商及供货商的质量责任和控制职能也必须纳入工程项目的质量控制系统内。因此，无论这个系统名称为何，其内容和作用都是一致的。需要强调的是，要正确理解这类系统的性质、范围、结构、特点以及建立和运行的原理并加以应用。

1. 项目质量控制系统的性质

建设工程项目质量控制系统既不是建设单位的质量管理体系或质量保证体系，也不是工程承包企业的质量管理体系或质量保证体系，而是建设工程项目目标控制的一个工作系统，具有下列性质：

（1）建设工程项目质量控制系统是以工程项目为对象，由工程项目实施的总组织者负责建立的面向对象开展质量控制的工作体系。

（2）建设工程项目质量控制系统是建设工程项目管理组织的一个目标控制体系，它与项目投资控制、进度控制、职业健康安全与环境管理等目标控制体系，共同依托于同一项目管理的组织机构。

（3）建设工程项目质量控制系统根据工程项目管理的实际需要而建立，随着建设工程项目的完成和项目管理组织的解体而消失，因此是一个一次性的质量控制工作体系，不同于企业的质量管理体系。

2. 项目质量控制系统的范围

建设工程项目质量控制系统的范围，包括按项目范围管理的要求，列入系统控制的建设工程项目构成范围；项目实施的任务范围，即由工程项目实施的全过程或若干阶段进行定义；项目质量控制所涉及的责任主体范围。

（1）系统涉及的工程范围

系统涉及的工程范围，一般根据项目的定义或工程承包合同来确定。具体来说可能有以下三种情况：建设工程项目范围内的全部工程；建设工程项目范围内的某一单项工程或标段工程；建设工程项目某单项工程范围内的一个单位工程。

（2）系统涉及的任务范围

建设工程项目质量控制系统服务于建设工程项目管理的目标控制，因此其质量控制的系统职能应贯穿于项目的勘察、设计、采购、施工和竣工验收等各个实施环节，即建设工程项目全过程质量控制的任务或若干阶段承包的质量控制任务。

（3）系统涉及的主体范围

建设工程项目质量控制系统所涉及的质量责任自控主体和监控主体，通常情况下包括建设单位、设计单位、工程总承包企业、施工企业、建设工程监理机构、材料设备供应厂商等。这些质量责任和控制主体，在质量控制系统中的地位和作用不同。承担建设工程项目设计、施工或材料设备供货的单位，具有直接的产品质量责任，属质量控制系统中的自控主体；在建设工程项目实施过程，对各质量责任主体的质量活动行为和活动结果实施监督控制的组织，称为质量监控主体，如业主、项目监理机构等。

3. 项目质量控制系统的结构

建设工程项目质量控制系统，一般情况下形成多层次、多单元的结构形态，这是由其实施任务的委托方式和合同结构所决定的。

（1）多层次结构

多层次结构是相对于建设工程项目工程系统纵向垂直分解的单项、单位工程项目质量控制子系统。在大中型建设工程项目，尤其是群体工程的建设工程项目，第一层面的质量控制系统应由建设单位的建设工程项目管理机构负责建立，在委托代建、委托项目管理或实行交钥匙式工程总承包的情况下，应由相应的代建方项目管理机构、受托项目管理机构或工程总承包企业项目管理机构负责建立；第二层面的质量控制系统，通常是指由建设工程项目的设计总负责单位、施工总承包单位等建立的相应管理范围内的质量控制系统；第三层面及其以下是承担工程设计、施工安装、材料设备供应等各承包单位的现场质量自控系统，或称各自的施工质量保证体系。系统纵向层次机构的合理性是建设工程项目质量目标，控制责任和措施分解落实的重要保证。

（2）多单元结构

多单元结构是指在建设工程项目质量控制的总体系统下，第二层面的质量控制系统及其以下的质量自控或保证体系可能有多个。这是项目质量目标、责任和措施分解的必然结果。

4. 项目质量控制系统的特点

如前所述，建设工程项目质量控制系统是面向对象而建立的质量控制工作体系，它和建筑企业或其他组织机构按照 GB/T 19000 标准建立的质量管理体系，有如下的不同点：

（1）建立的目的不同。建设工程项目质量控制系统只用于特定的建设工程项目质量控制，而不是用于建筑企业或组织的质量管理，即建立的目的不同。

（2）服务的范围不同。建设工程项目质量控制系统涉及建设工程项目实施过程所有的质量责任主体，而不只是某一个承包企业或组织机构，即服务的范围不同。

（3）控制的目标不同。建设工程项目质量控制系统的控制目标是建设工程项目的质量标准，并非某一具体建筑企业或组织的质量管理目标，即控制的目标不同。

（4）作用的时效不同。建设工程项目质量控制系统与建设工程项目管理组织系统相融合，是一次性的质量工作系统，并非永久性的质量管理体系，即作用的时效不同。

（5）评价的方式不同。建设工程项目质量控制系统的有效性一般由建设工程项目管理的，令组织者进行自我评价与诊断，不需要进行第三方认证，即评价的方式不同。

（二）建设工程项目质量控制系统的建立

1. 建立的原则

实践经验表明，建设工程项目质量控制系统的建立，遵循以下原则对于质量目标的总体规划、分解和有效实施控制是非常重要的。

（1）分层次规划的原则

建设工程项目质量控制系统的分层次规划，是指建设工程项目管理的总组织者（建设单位或代建制项目管理企业）和承担项目实施任务的各参与单位，分别进行建设工程项目质量控制系统不同层次和范围的规划。

（2）总目标分解的原则

建设工程项目质量控制系统总目标的分解，是根据控制系统内工程项目的分解结构，将工程项目的建设标准和质量总体目标分解到各个责任主体，明示于合同条件，由各责任主体制订出相应的质量计划，确定其具体的控制方式和控制措施。

（3）质量责任制的原则

建设工程项目质量控制系统的建立，应按照建筑法和《建设工程质量管理条例》有关建设工程质量责任的规定，界定各方的质量责任范围和控制要求。

（4）系统有效性的原则

建设工程项目质量控制系统，应从实际出发，结合项目特点、合同结构和项目管理组织系统的构成情况，建立项目各参与方共同遵循的质量管理制度和控制措施，并形成有效的运行机制。

2. 项目质量控制系统的建立过程

一般可按以下环节依次展开工作：

（1）确立系统质量控制网络

首先明确系统各层面的建设工程质量控制负责人。一般应包括承担项目实施任务的项目经理（或工程负责人）、总工程师，项目监理机构的总监理工程师、专业监理工程师等，以形成明确的项目质量控制责任者的关系网络架构。

（2）制定系统质量控制制度

系统质量控制制度包括质量控制例会制度、协调制度、报告审批制度、质量验收制度和质量信息管理制度等。形成建设工程项目质量控制系统的管理文件或手册，作为承担建设工程项目实施任务各方主体共同遵循的管理依据。

（3）分析系统质量控制界面

建设工程项目质量控制系统的质量责任界面，包括静态界面和动态界面。静态界面根据法律法规、合同条件、组织内部职能分工来确定。动态界面是指项目实施过程设计单位之间、施工单位之间、设计与施工单位之间的衔接配合关系及其责任划分，必须通过分析研究，确定管理原则与协调方式。

（4）编制系统质量控制计划

建设工程项目管理总组织者，负责主持编制建设工程项目总质量计划，并根据质量控制系统的要求，部署各质量责任主体编制与其承担任务范围相符的质量计划，并按规定程序完成质量计划的审批，作为其实施自身工程质量控制的依据。

3. 建立的主体

按照建设工程项目质量控制系统的性质、范围和主体的构成，一般情况下其质量控制系统应由建设单位或建设工程项目总承包企业的工程项目管理机构负责建立。在分阶段依次对勘察、设计、施工、安装等任务进行分别招标发包的情况下，通常应由建设单位或其委托的建设工程项目管理企业负责建立，各承包企业根据建设工程项目质量控制系统的要求，建立隶属于建设工程项目质量控制系统的设计项目、施工项目、采购供应项目等质量控制子系统（可称相应的质量保证体系），以具体实施其质量责任范围内的质量管理和目标控制。

（三）建设工程项目质量控制系统的运行

1. 运行环境

建设工程项目质量控制系统的运行环境，主要是指以下几方面：

（1）建设工程的合同结构

建设工程合同是联系建设工程项目各参与方的纽带，只有在建设工程项目合同结构合理、质量标准和责任条款明确，并严格进行履约管理的条件下，质量控制系统的运行才能成为各方的自觉行动。

（2）质量管理的资源配置

质量管理的资源配置包括专职的工程技术人员和质量管理人员的配置，以及实施技术管理和质量管理所必需的设备、设施、器具、软件等物质资源的配置。人员和资源的合理配置是质量控制系统得以运行的基础条件。

（3）质量管理的组织制度

建设工程项目质量控制系统内部的各项管理制度和程序性文件的建立，为质量控制系统各个环节的运行，提供必要的行动指南、行为准则和评价基准的依据，是系统有序运行的基本保证。

2. 运行机制

建设工程项目质量控制系统的运行机制，是由一系列质量管理制度安排所形成的内在能力。运行机制是质量控制系统的生命，机制缺陷是造成系统运行无序、失效和失控的重要原因。因此，在系统内部的管理制度设计时，必须予以高度的重视，防止重要管理制度的缺失、制度本身的缺陷、制度之间的矛盾等现象出现，才能为系统的运行注入动力机制、约束机制、反馈机制和持续改进机制。

（1）动力机制

动力机制是建设工程项目质量控制系统运行的核心机制，它来源于公正、公开、公平的竞争机制和利益机制的制度设计或安排。这是因为建设工程项目的实施过程是由多主体参与的价值增值链，只有保持合理的供方及分供方等各方关系，才能形成合力，这是建设工程项目成功的重要保证。

（2）约束机制

没有约束机制的控制系统是无法使工程质量处于受控状态的，约束机制取决于各主体内部的自我约束能力和外部的监控效力。约束能力表现为组织及个人的经营理念、质量意识、职业道德及技术能力的发挥；监控效力取决于建设工程项目实施主体外部对质量工作的推动和检查监督。两者相辅相成，构成了质量控制过程的制衡关系。

（3）反馈机制

运行的状态和结果的信息反馈是对质量控制系统的能力和运行效果进行评价，并及时为处置提供决策依据。因此，必须有相关的制度安排，保证质量信息反馈的及时和准确，保持质量管理者深入生产第一线，掌握第一手资料，才能形成有效的质量信息反馈机制。

（4）持续改进机制

在建设工程项目实施的各个阶段，不同的层面、不同的范围和不同的主体间，应用PDCA循环原理，即计划、实施、检查和处置的方式展开质量控制，同时必须注重抓好控制点的设置，加强重点控制和例外控制，并不断寻求改进机会、研究改进措施。这样才能保证建设工程项目质量控制系统不断完善和持续改进，不断提高质量控制能力和控制水平。

二、建设工程项目施工质量控制

（一）掌握施工阶段质量控制的目标

1. 施工阶段质量控制的任务目标

建设工程项目施工质量的总目标，是实现由建设工程项目决策、设计文件和施工合同所决定的预期使用功能和质量标准。尽管建设单位、设计单位、施工单位、供货单位和监理机构等，在施工阶段质量控制的地位和任务目标不同，但从建设工程项目管理的角度，都是致力于实现建设工程项目的质量总目标。因此，施工质量控制目标以及建筑工程施工质量验收依据，可具体表述如下：

（1）建设单位的控制目标

建设单位在施工阶段，通过对施工全过程、全面的质量监督管理、协调和决策，保证竣工项目达到投资决策所确定的质量标准。

（2）设计单位的控制目标

设计单位在施工阶段，通过对关键部位和重要施工项目施工质量验收签证、设计变更控制及纠正施工中所发现的设计问题，采纳变更设计的合理化建议等，保证施工项目的各项施工结果与设计文件（包括变更文件）所规定的质量标准相一致。

（3）施工单位的控制目标

施工单位包括职工总包和分包单位，作为建设工程产品的生产者和经营者，应根据施工合同的任务范围和质量要求，通过全过程、全面的施工质量自控，保证最终交付满足施工合同及设计文件所规定质量标准的建设工程产品。我国《建设工程质量管理条例》规定，施工单位对建设工程的施工质量负责；分包单位应当按照分包合同的约定对其分包工程的质量向总承包单位负责，总承包单位与分包单位对分包工程的质量承担连带责任。

（4）供货单位的控制目标

建筑材料、设备、构配件等供应厂商，应按照采购供货合同约定的质量标准提供货物及其质量保证、检验试验单据、产品规格和使用说明书，以及其他必要的数据和资料，并对其产品质量负责。

（5）监理单位的控制目标

建设工程监理单位在施工阶段，通过审核施工质量文件、报告报表及采取现场旁站、巡视、平行检测等形式进行施工过程质量监理，并应用施工指令和结算支付控制等手段，监控施工承包单位的质量活动行为、协调施工关系，正确履行对工程施工质量的监督责任，以保证工程质量达到施工合同和设计文件所规定的质量标准。《中华人民共和国建筑法》规定建设工程监理人员认为工程施工不符合工程设计要求、施工技术标准和合同约定的，有权要求建筑施工企业改正。

2. 施工阶段质量控制的方式

在长期建设工程施工实践中，施工质量控制的基本方式可以概括为自主控制与监督控制相结合的方式、事前预控与事中控制相结合的方式、动态跟踪与纠偏控制相结合的方式，以及这些方式的综合运用。

（二）施工质量计划的编制方法

1. 施工质量计划的编制主体和范围

施工质量计划应由自控主体即施工承包企业进行编制。在平行承发包方式下，各承包单位应分别编制施工质量计划；在总分包模式下，施工总承包单位应编制总承包工程范围的施工质量计划，各分包单位编制相应分包范围的施工质量计划，作为施工总承包方质量计划的深化和组成。施工总承包方有责任对各分包施工质量计划的编制进行指导和审核，并承担相应施工质量的连带责任。

施工质量计划编制的范围，从工程项目质量控制的要求，应与建筑安装工程施工任务的实施范围相一致，以此保证整个项目建筑安装工程的施工质量总体受控；对具体施工任务承包单位而言，施工质量计划的编制范围，应能满足其履行工程承包合同质量责任的要求。建设工程项目的施工质量计划，应在施工程序、控制组织、控制措施、控制方式等方面，形成一个有机的质量计划系统，确保项目质量总目标和各分解目标的控制能力。

2. 施工质量计划的审批程序与执行

施工单位的项目施工质量计划或施工组织设计文件编成后，应按照工程施工管理程序进行审批，施工质量计划的审批程序与执行包括施工企业内部的审批和项目监理机构的审查。

（1）企业内部的审批

施工单位的项目施工质量计划或施工组织设计的编制与审批，应根据企业质量管理程序性文件规定的权限和流程进行。通常由项目经理部主持编制，报企业组织管理层批准并报送项目监理机构核准确认。

施工质量计划或施工组织设计文件的审批过程，是施工企业自主技术决策和管理决策的过程，也是发挥企业职能部门与施工项目管理团队的智慧和经验的过程。

（2）监理工程师的审查

实施工程监理的施工项目，按照我国建设工程监理规范的规定，施工承包单位必须填写《施工组织设计（方案）报审表》并附施工组织设计（方案），报送项目监理机构审查。相关规范规定，项目监理机构在工程开工前，总监理工程师应组织专业监理工程师审查承包单位报送的施工组织设计（方案）报审表，提出意见，经总监理工程师审核、签认后报建设单位。

（3）审批关系的处理原则

正确执行施工质量计划的审批程序，是正确理解工程质量目标和要求，保证施工部署技术工艺方案和组织管理措施的合理性、先进性及经济性的重要环节，也是进行施工质量事前预控的重要方法。因此，在执行审批程序时，必须正确处理施工企业内部审批和监理工程师审批的关系。其基本原则如下：

①充分发挥质量自控主体和监控主体的共同作用，在坚持项目质量标准和质量控制能力的前提下，正确处理承包人利益和项目利益的关系；施工企业内部的审批首先应从履行工程承包合同的角度，审查实现合同质量目标的合理性和可行性，以项目质量计划取得发包方的信任。

②施工质量计划在审批过程中，对监理工程师审查所提出的建议、希望、要求等意见是否采纳以及采纳的程度，应由负责质量计划编制的施工单位自主决策。在满足合同和相关法规要求的情况下，确定质量计划的调整、修改和优化，并承担相应执行结果的责任。

③经过按规定程序审查批准的施工质量计划，在实施过程如因条件变化需要对某些重要决定进行修改时，其修改内容仍应按照相应程序经过审批后执行。

3. 施工质量控制点的设置与管理

（1）质量控制点的设置

施工质量控制点的设置，是根据工程项目施工管理的基本程序，结合项目特点，在制订项目总体质量计划后，列出各基本施工过程对局部和总体质量水平有影响的项目，作为具体实施的质量控制点。如高层建筑施工质量管理中，基坑支护与地基处理、工程测量与沉降观测、大体积钢筋混凝土施工、工程的防排水、钢结构的制作、焊接及检测、大型设备吊装及有关分部分项工程中必须进行重点控制的内容或部位，可列为质量控制点。

通过质量控制点的设定，质量控制的目标及工作重点就能更加明晰，事前质量预控的措施也就更加明确。施工质量控制点的事前质量预控工作包括：明确质量控制的目标与控制参数；制定技术规程和控制措施，如施工操作规程及质量检测评定标准；确定质量检查检验方式及抽样的数量与方法；明确检查结果的判断标准及质量记录与信息反馈要求等。

（2）质量控制点的实施

施工质量控制点的实施主要是通过控制点的动态设置和动态跟踪管理来实现。所谓动态设置，是指一般情况下在工程开工前、设计交底和图纸会审时，可确定一批整个项目的质量控制点，随着工程的展开、施工条件的变化，随时或定期进行控制点范围的调整和更新。动态跟踪是应用动态控制原理，落实专人负责跟踪和记录控制点质量控制的状态及效果，并及时向项目管理组织的高层管理者反馈质量控制信息，保持施工质量控制点的受控状态。

（三）施工生产要素的质量控制

施工生产要素是施工质量形成的物质基础，其质量的含义包括：作为劳动主体的施工人员，即直接参与施工的管理者、作业者的素质及其组织效果；作为劳动对象的建筑材料、半成品、工程用品、设备等的质量；作为劳动方法的施工工艺及技术措施的水平；作为劳动手段的施工机械、设备、工具、模具等的技术性能；以及施工环境——现场水文、地质、气象等自然环境，通风、照明、安全等作业环境以及协调配合的管理环境。

1. 劳动主体的控制

施工生产要素的质量控制中劳动主体的控制包括工程各类参与人员的生产技能、文化素养、生理体能、心理行为等方面的个体素质及经过合理组织充分发挥其潜在能力的群体素质。因此，企业应通过择优录用、加强思想教育及技能方面的教育培训，合理组织、严格考核，并辅以必要的激励机制，使企业员工的潜在能力得到最好的组合和充分的发挥，从而保证劳动主体在质量控制系统中发挥主体自控作用。施工企业必须坚持对所选派的项目领导者、管理者进行质量意识教育和组织管理能力训练；坚持对分包商的资质考核和施工人员的资格考核；坚持工种按规定持证上岗制度。

2. 劳动对象的控制

原材料、半成品及设备是构成工程实体的基础，其质量是工程项目实体质量的组成部分。因此，加强原材料、半成品及设备的质量控制，不仅是保证工程质量的必要条件，也是实现工程项目投资目标和进度目标的前提。要优先采用节能降耗的新型建筑材料，禁止使用国家明令淘汰的建筑材料。

对原材料、半成品及设备进行质量控制的主要内容为：控制材料设备性能、标准与设计文件的相符性；控制材料设备各项技术性能指标、检验测试指标与标准要求的相符性；控制材料设备进场验收程序及质量文件资料的齐全程度等。

施工企业应在施工过程中贯彻执行企业质量程序文件中材料设备在封样、采购、进场检验、抽样检测及质保资料提交等方面一系列明确规定的控制标准。

3. 施工工艺的控制

施工工艺的衔接合理是直接影响工程质量、工程进度及工程造价的关键因素，施工工艺的合理可靠也直接影响到工程施工安全。因此，在工程项目质量控制系统中，制订和采用先进、合理、可靠的施工技术工艺方案，是工程质量控制的重要环节。对施工方案的质量控制主要包括以下内容：

（1）全面正确地分析工程特征、技术关键及环境条件等资料，明确质量目标、验收标准、控制点的重点和难点。

（2）制订合理有效的有针对性的施工技术方案和组织方案，前者包括施工工艺、施工方法，后者包括施工区段划分、施工流向及劳动组织等。

（3）合理选用施工机械设备和施工临时设施，合理布置施工总平面图和各阶段施工平面图。

（4）选用和设计保证质量与安全的模具、脚手架等施工设备。

（5）编制工程所采用的新材料、新技术、新工艺的专项技术方案和质量管理方案。

4. 施工设备的控制

（1）对施工所用的机械设备，包括起重设备、各项加工机械、专项技术设备、检查测量仪表设备及人货两用电梯等，应根据工程需要从设备选型、主要性能参数及使用操作要求等方面加以控制。

（2）对施工方案中选用的模板、脚手架等施工设备，除按适用的标准定型选用外，一般须按设计及施工要求进行专项设计，对其设计方案及制作质量的控制及验收应作为重点进行控制。

（3）按现行施工管理制度要求，工程所用的施工机械、模板、脚手架，特别是危险性较大的现场安装的起重机械设备，不仅要对其设计安装方案进行审批，而且安装完毕交付使用前必须经专业管理部门的验收，合格后方可使用。同时，在使用过程中尚须落实相应的管理制度，以确保其安全正常使用。

5. 施工环境的控制

环境因素主要包括地质水文状况、气象变化及其他不可抗力因素，以及施工现场的通风、照明、安全卫生防护设施等劳动作业环境等内容。环境因素对工程施工的影响一般难以避免。要消除其对施工质量的不利影响，主要是采取预测预防的控制方法：

（1）对地质水文等方面的影响因素的控制，应根据设计要求，分析基地地质资料，预测不利因素，并会同设计等采取相应的措施，如降水排水加固等技术控制方案。

（2）对天气气象方面的不利条件，应在施工方案中制订专项施工方案，明确施工措施，落实人员、器材等方面各项准备以紧急应对，从而控制其对施工质量的不利影响。

（3）对环境因素造成的施工中断，往往也会对工程质量造成不利影响，必须通过加强管理、调整计划等措施，加以控制。

三、建设工程项目质量验收

（一）施工过程质量验收

1. 施工过程质量验收的内容

对涉及人民生命财产安全、人身健康、环境保护和公共利益的内容以强制性条文做出规定，要求必须坚决、严格遵照执行。

检验批和分项工程是质量验收的基本单元；分部工程是在所含全部分项工程验收的基础上进行验收的，在施工过程中随完工随验收，并留下完整的质量验收记录和资料；单位工程作为具有独立使用功能的完整的建筑产品，进行竣工质量验收。

（1）检验批

所谓检验批，是指按同一生产条件或按规定的方式汇总起来供检验用的，由一定数量样本组成的检验体。检验批是工程验收的最小单位，是分项工程乃至整个建筑工程质量验收的基础。

应由监理工程师（建设单位项目技术负责人）组织施工单位项目专业质量（技术）负责人等进行验收。

检验批质量验收合格应符合下列规定：

（1）主控项目和一般项目的质量经抽样检验合格。

（2）具有完整的施工操作依据、质量检查记录。主控项目是指对检验批的基本质量起决定性作用的检验项目，除主控项目以外的检验项目称为一般项目。

2. 分项工程质量验收

（1）分项工程应由监理工程师（建设单位项目技术负责人）组织施工单位项目专业质量（技术）负责人进行验收。

（2）分项工程质量验收合格应符合下列规定：

①分项工程所含的检验批均应符合合格质量的规定。

②分项工程所含的检验批的质量验收记录应完整。

3. 分部工程质量验收

（1）分部工程应由总监理工程师（建设单位项目负责人）组织施工单位项目负责人

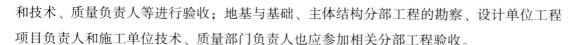

和技术、质量负责人等进行验收；地基与基础、主体结构分部工程的勘察、设计单位工程项目负责人和施工单位技术、质量部门负责人也应参加相关分部工程验收。

（2）分部（子分部）工程质量验收合格应符合下列规定：

①所含分项工程的质量均应验收合格。

②质量控制资料应完整。

③地基与基础、主体结构和设备安装等分部工程有关安全、使用功能、节能、环境保护的检验和抽楼检验结果应符合有关规定。

④观感质量验收应符合要求。

2. 施工过程质量验收不合格的处理

施工过程的质量验收是以检验批的施工质量为基本验收单元。检验批质量不合格可能是使用的材料不合格，或施工作业质量不合格、质量控制资料不完整等原因所致，其处理方法有：

（1）在检验批验收时，对严重的缺陷应推倒重来，一般的缺陷通过翻修或更换器具、设备予以解决后重新进行验收。

（2）个别检验批发现试块强度等不满足要求难以确定是否验收时，应请有资质的法定检测单位检测鉴定，当鉴定结果能够达到设计要求时，应予以验收。

（3）当检测鉴定达不到设计要求，但经原设计单位核算仍能满足结构安全和使用功能的检验批，可予以验收。

（4）严重质量缺陷或超过检验批范围内的缺陷，经法定检测单位检测鉴定以后，认为不能满足最低限度的安全储备和使用功能，则必须进行加固处理，虽然改变外形尺寸，但能满足安全使用要求，可按技术处理方案和协商文件进行验收，责任方应承担经济责任。

（5）通过返修或加固后处理仍不能满足安全使用要求的分部工程、单位（子单位）工程，严禁验收。

（二）建设工程项目竣工质量验收

建设工程项目竣工验收有两层含义：一是指承发包单位之间进行的工程竣工验收，也称工程交工验收；二是指建设工程项目的竣工验收。两者在验收范围、依据、时间、方式、程序、组织和权限等方面存在不同。

1. 竣工工程质量验收的依据

竣工工程质量验收的依据有：

（1）工程施工承包合同。

（2）工程施工图纸。

（3）工程施工质量验收统一标准。

（4）专业工程施工质量验收规范。

（5）建设法律、法规、管理标准和技术标准。

2. 竣工工程质量验收的要求

工程项目竣工质量验收应按下列要求进行：

（1）建筑工程施工质量应符合相关专业验收规范的规定。

（2）建筑工程施工应符合工程勘察、设计文件的要求。

（3）参加工程施工质量验收的各方人员应具备规定的资格。

（4）工程质量的验收均应在施工单位自行检查评定的基础上进行。

（5）隐蔽工程在隐蔽前应由施工单位通知有关单位进行验收，并应形成验收文件。

（6）涉及结构安全的试块、试件以及有关材料，应按规定进行见证取样检测。

（7）检验批的质量应按主控项目和一般项目验收。

（8）对涉及结构安全和使用功能的重要分部工程应进行抽样检测。

（9）承担见证取样检测及有关结构安全检测的单位应具有相应资质。

（10）工程的观感质量应由验收人员通过现场检查，并应共同确认。

3. 竣工质量验收的标准

按照《建筑工程施工质量验收统一标准》（GB 50300—2013），建设项目单位（子单位）工程质量验收合格应符合下列规定：

（1）单位（子单位）工程所含分部（子分部）工程质量验收均应合格。

（2）质量控制资料应完整。

（3）单位（子单位）工程所含分部工程有关安全和功能的检验资料应完整。

（4）主要功能项目的抽查结果应符合相关专业质量验收规范的规定。

（5）观感质量验收应符合规定。

4. 竣工质量验收的程序

建设工程项目竣工验收，可分为竣工验收准备、初步验收和正式竣工验收三个环节。整个验收过程必须按照工程项目质量控制系统的职能分工，以监理工程师为核心进行竣工验收的组织协调。

（1）竣工验收准备

施工单位按照合同规定的施工范围和质量标准完成施工任务，经质量自检并合格后，向现场监理机构（或建设单位）提交工程竣工申请报告，要求组织工程竣工验收。

（2）初步验收

监理机构收到施工单位的工程竣工申请报告后，应就验收的准备情况和验收条件进行检查。应就工程实体质量及档案资料存在的缺陷及时提出整改意见，并与施工单位协商整改清单，确定整改要求和完成时间。由施工单位向建设单位提交工程竣工验收报告，申请建设工程竣工验收应具备下列条件：

①完成建设工程设计和合同约定的各项内容。

②有完整的技术档案和施工管理资料。

③有工程使用的主要建筑材料、构配件和设备的进场试验报告。

④有工程勘察、设计、施工、工程监理等单位分别签署的质量合格文件。

⑤有施工单位签署的工程保修书。

（3）正式竣工验收

建设单位组织、质量监督机构与竣工验收小组成员单位不是一个层次的。

建设单位应在工程竣工验收前 7 个工作日将验收时间、地点、验收组名单通知该工程的工程质量监督机构。建设单位组织竣工验收会议。正式验收过程的主要工作有：

①建设、勘察、设计、施工、监理单位分别汇报工程合同履约情况及工程施工各环节满足设计要求，质量符合法律、法规和强制性标准的情况。

②检查审核设计、勘察、施工、监理单位的工程档案资料及质量验收资料。

③实地检查工程外观质量，对工程的使用功能进行抽查。

④对工程施工质量管理各环节工作、对工程实体质量及质保资料情况进行全面评价，形成经验收组人员共同确认签署的工程竣工验收意见。

⑤竣工验收合格，建设单位应及时提出工程竣工验收报告。验收报告还应附有工程施工许可证、设计文件审查意见、质量检测功能性试验资料、工程质量保修书等法规所规定的其他文件。

⑥工程质量监督机构应对工程竣工验收工作进行监督。

（三）工程竣工验收备案

我国实行建设工程竣工验收备案制度。新建、扩建和改建的各类水利工程的竣工验收，均应按《建设工程质量管理条例》规定进行备案。

1. 建设单位应当自建设工程竣工验收合格之日起 15 日内，将建设工程竣工验收报告和规划、公安消防、环保等部门出具的认可文件或准许使用文件，报建设行政主管部门或者其他相关部门备案。

2. 备案部门在收到备案文件资料后的 15 日内，对文件资料进行审查，符合要求的工程，在验收备案表上加盖"竣工验收备案专用章"，并将一份退建设单位存档。如审查中发现建设单位在竣工验收过程中，有违反国家有关建设工程质量管理规定行为的，责令停止使用，重新组织竣工验收。

3. 建设单位有下列行为之一的，责令改正，处以工程合同价款 2% 以上 4% 以下的罚款；造成损失的依法承担赔偿责任。

（1）未组织竣工验收，擅自交付使用的。

（2）验收不合格，擅自交付使用的。

（3）对不合格的建设工程按照合格工程验收的。

第三节　企业质量管理体系标准

一、质量管理体系八项原则

八项质量管理原则是 2000 版 ISO 9000 系列标准的编制基础，八项质量管理原则是世界各国质量管理成功经验的科学总结，其中不少内容与我国全面质量管理的经验吻合。它的贯彻执行能促进企业管理水平的提高，并提高顾客对其产品或服务的满意程度，帮助企业达到持续成功的目的。质量管理体系八项原则的具体内容如下：

（一）以顾客为关注焦点

组织（从事一定范围生产经营活动的企业）依存于其顾客。组织应理解顾客当前的和未来的需求，满足顾客要求并争取超越顾客的期望。这是组织进行质量管理的基本出发点和归宿点。

（二）领导作用

领导者确立本组织统一的宗旨和方向，并营造和保持使员工充分参与实现组织目标的内部环境。因此，领导在企业的质量管理中起着决定的作用。只有领导重视，各项质量活动才能有效开展。

（三）全员参与

各级人员都是组织之本，只有全员充分参加，才能使他们的才干为组织带来收益。产品质量是产品形成过程中全体人员共同努力的结果，其中也包含着为他们提供支持的管理、检查、行政人员的贡献。企业领导应对员工进行质量意识等各方面的教育，激发他们的积极性和责任感，为其能力、知识、经验的提高提供机会，发挥创造精神，鼓励持续改进，给予必要的物质和精神奖励，使全员积极参与，为达到让顾客满意的目标而奋斗。

（四）过程方法

将相关的资源和活动作为过程进行管理，可以更高效地得到期望的结果。任何使用资源生产活动和将输入转化为输出的一组相关联的活动都可视为过程。

2000 版 ISO 9000 标准是建立在过程控制的基础上。一般在过程的输入端、过程的不同位置及输出端都存在着可以进行测量、检查的机会和控制点，对这些控制点实行测量、检测和管理，便能控制过程的有效实施。

（五）管理的系统方法

将相互关联的过程作为系统加以识别、理解和管理，有助于组织提高实现其目标的有效性和效率。不同企业应根据自己的特点，建立资源管理、过程实现、测量分析改进等方面的关联关系，并加以控制。即采用过程网络的方法建立质量管理体系，实施系统管理。一般建立实施的质量管理体系包括：①确定顾客期望；②建立质量目标和方针；③确定实现目标的过程和职责；④确定必须提供的资源；⑤规定测量过程有效性的方法；⑥实施测量确定过程的有效性；⑦确定防止不合格并清除产生原因的措施；⑧建立和应用持续改进质量管理体系的过程。

（六）持续改进

持续改进总体业绩是组织的一个永恒目标，其作用在于增强企业满足质量要求的能力，包括产品质量、过程及体系的有效性和效率的提高。持续改进是增强和满足质量要求能力的循环活动，使企业的质量管理走上良性循环的轨道。

（七）基于事实的决策方法

有效的决策应建立在数据和信息分析的基础上，数据和信息分析是事实的高度提炼。以事实为依据做出决策，可防止决策失误。为此企业领导应重视数据信息的收集、汇总和分析，以便为决策提供依据。

（八）与供方互利的关系

组织与供方是相互依存的，建立双方的互利关系可以增强双方创造价值的能力。供方提供的产品是企业提供产品的一个组成部分。处理好与供方的关系，涉及企业能否持续稳定提供使顾客满意产品的重要问题。因此，对供方不能只讲控制，不讲合作互利，特别是关键供方，更要建立互利关系，这对企业与供方双方都有利。

二、企业质量管理体系文件构成

（一）质量管理体系文件的作用

《质量管理体系基础和术语》（GB/T 19000）对质量体系文件的重要性做了专门的阐述，要求企业重视质量体系文件的编制和使用。编制和使用质量体系文件本身是一项具有动态管理要求的活动。因为质量体系的建立、健全要从编制完善体系文件开始，质量体系的运行、审核与改进都是依据文件的规定进行，质量管理实施的结果也要形成文件，作为证实产品质量符合规定要求及质量体系有效的证据。

（二）质量管理体系文件的构成

GB/T 19000 质量管理体系对文件提出明确要求，企业应具有完整和科学的质量体系文件。质量管理体系文件一般由以下内容构成：

1. 形成文件的质量方针和质量目标；
2. 质量手册；
3. 质量管理标准所要求的各种生产、工作和管理的程序性文件；
4. 质量管理标准所要求的质量记录。

以上各类文件的详略程度无统一规定，以适于企业使用，使过程受控为准则。

（三）质量管理体系文件的要求

1. 质量方针和质量目标

一般都以简明的文字来表述，是企业质量管理的方向目标，应反映用户及社会对工程质量的要求及企业相应的质量水平和服务承诺，也是企业质量经营理念的反映。

2. 质量手册的要求

质量手册是规定企业组织建立质量管理体系的文件，质量手册对企业质量体系做系统、完整和概要的描述。其内容一般包括：企业的质量方针、质量目标；组织机构及质量职责；体系要素或基本控制程序；质量手册的评审、修改和控制的管理办法。

质量手册作为企业质量管理系统的纲领性文件，应具备指令性、系统性、协调性、先进性、可行性和可检查性。

3．程序文件的要求

质量体系程序文件是质量手册的支持性文件，是企业各职能部门为落实质量手册要求而规定的细则，企业为落实质量管理工作而建立的各项管理标准、规章制度都属于程序文件范畴。各企业程序文件的内容及详略可视企业情况而定。一般有以下六个方面的程序为通用性管理程序，各类企业都应在程序文件中制定下列程序：

（1）文件控制程序；

（2）质量记录管理程序；

（3）内部审核程序；

（4）不合格品控制程序；

（5）纠正措施控制程序；

（6）预防措施控制程序。

除以上六个程序外，涉及产品质量形成过程各环节控制的程序文件，如生产过程、服务过程、管理过程、监督过程等管理程序，不做统一规定，可视企业质量控制的需要而制定。

为确保工程的有效运行和控制，在程序文件的指导下，尚可按管理需要编制相关文件，如作业指导书、具体工程的质量计划等。

4．质量记录的要求

质量记录是产品质量水平和质量体系中各项质量活动进行及结果的客观反映。对质量体系程序文件所规定的运行过程及控制测量检查的内容如实加以记录，用以证明产品质量达到合同要求及质量保证的满足程度。如在控制体系中出现偏差，则质量记录不仅须反映偏差情况，而且应反映出针对不足之处所采取的纠正措施及纠正效果。

质量记录应完整地反映质量活动实施、验证和评审的情况，并记载关键活动的过程参数，具有可追溯性的特点。质量记录以规定的形式和程序进行，并有实施、验证、审核等签署意见。

三、企业质量管理体系的建立和运行

（一）企业质量管理体系的建立

1．企业质量管理体系的建立，是在确定市场及顾客需求的前提下，按照八项质量管理原则制定的企业质量管理体系文件，并将质量目标分解落实到相关层次、相关岗位的职能和职责中，形成企业质量管理体系的执行系统。

2. 企业质量管理体系的建立还包含组织企业不同层次的员工进行培训，使体系的工作内容和执行要求为员工所了解，为形成全员参与的企业质量管理体系的运行创造条件。

3. 企业质量管理体系的建立须识别并提供实现质量目标和持续改进所需的资源，包括人员、基础设施、环境、信息等。

（二）企业质量管理体系的运行

1. 运行

按质量管理体系文件所制定的程序、标准、工作要求及目标分解的岗位职责进行运作。

2. 记录

按各类体系文件的要求，监视、测量和分析过程的有效性和效率，做好文件规定的质量记录。

3. 考核评价

按文件规定的办法进行质量管理评审和考核。

4. 落实内部审核

落实质量体系的内部审核程序，有组织、有计划地开展内部质量审核活动，其主要目的是：

（1）评价质量管理程序的执行情况及适用性。

（2）揭露过程中存在的问题，为质量改进提供依据。

（3）检查质量体系运行的信息。

（4）向外部审核单位提供体系有效的证据。

四、企业质量管理体系的认证与监督

（一）企业质量管理体系认证的意义

质量认证制度是由公正的第三方认证机构对企业的产品及质量体系做出正确可靠的评价。

（二）企业质量管理体系认证的程序

1. 申请和受理：具有法人资格的申请单位须按要求填写申请书，接受或不接受均予发出书面通知书。

2. 审核：包括文件审查、现场审核，并提出审核报告。

3. 审批与注册发证：符合标准者批准并予以注册，发给认证证书。

（三）获准认证后的维持与监督管理

企业质量管理体系获准认证的有效期为 3 年。获准认证后的质量管理体系，维持与监督管理内容如下：

1. 企业通报：认证合格的企业质量管理体系在运行中出现较大变化时，须向认证机构通报。

2. 监督检查：包括定期和不定期的监督检查。

3. 认证注销：注销是企业的自愿行为。

4. 认证暂停：认证暂停期间，企业不得使用质量管理体系认证证书做宣传。

5. 认证撤销：撤销认证的企业一年后可重新提出认证申请。

6. 复评：认证合格有效期满前，如企业愿继续延长，可向认证机构提出复评申请。

7. 重新换证：在认证证书有效期内，出现体系认证标准变更、体系认证范围变更、体系认证证书持有者变更，可按规定重新换证。

第四节 工程质量统计方法

一、分层法

（一）基本原理

由于工程质量形成的影响因素多，因此对工程质量状况的调查和质量问题的分析，必须分门别类地进行，以便准确有效地找出问题及其原因，这就是分层法的基本思想。

（二）实际应用

调查分析的层次划分，根据管理需要和统计目的，通常可按照以下分层方法取得原始数据：

（1）按时间分：月或日、上午和下午、白天和晚间、季节。

（2）按地点分：地域、城市和乡村、楼层、外墙和内墙。

（3）按材料分：产地、厂商、规格、品种。

（4）按测定分：方法、仪器、测定人、取样方式。

（5）按作业分：工法、班组、工长、工人、分包商。

（6）按工程分：住宅、办公楼、道路、桥梁、隧道。

（7）按合同分：总承包、专业分包、劳务分包。

二、因果分析图法

（一）基本原理

因果分析图法，也称为质量特性要因分析法，其基本原理是对每一个质量特性或问题，逐层深入排查可能原因，然后确定其中最主要的原因，进行有的放矢的处置和管理。

（二）应用时的注意事项

1. 一个质量特性或一个质量问题使用一张图分析。

2. 通常采用 QC 小组活动的方式进行，集思广益，共同分析。

3. 必要时可以邀请小组以外的有关人员参与，广泛听取意见。

4. 分析时要充分发表意见，层层深入，列出所有可能的原因。

5. 在充分分析的基础上，由各参与人员采用投票或其他方式，从中选择 1~5 项多数人达成共识的主要原因。

三、排列图法

（一）定义

排列图法是利用排列图寻找影响质量主次因素的一种有效方法。排列图又叫帕累托图或主次因素分析图。

（二）组成

排列图法由两个纵坐标、一个横坐标、几个连起来的直方形和一条曲线所组成。实际应用中，通常按累计频率划分为 0~80%、80%~90%、90%~100% 三部分，与其对应的影响因素分别为 A、B、C 三类。A 类为主要因素，B 类为次要因素，C 类为一般因素。

四、直方图法

（一）定义

直方图法即频数分布直方图法，它是将收集到的质量数据进行分组整理，绘制成频数分布直方图，用以描述质量分布状态的一种分析方法，所以又称质量分布图法。

（二）作用

1. 通过直方图的观察与分析，可以了解产品质量的波动情况，掌握质量特性的分布规律，以便对质量状况进行分析判断。

2. 可通过质量数据特征值的计算，估算施工生产过程中的总体不合格品率、评价过程能力等。

五、控制图法

（一）定义

控制图又称管理图，它是在直角坐标系内画有控制界限，描述生产过程中产品质量波动状态的图形。利用控制图区分质量波动原因，判明生产过程是否处于稳定状态的方法称为控制图法。

（二）用途

控制图是用样本数据来分析判断生产过程是否处于稳定状态的有效工具。它的用途主要有两个：

1. 过程分析

即分析生产过程是否稳定。为此，应随机连续收集数据，绘制控制图，观察数据点的分布情况并判定生产过程的状态。

2. 过程控制

即控制生产过程的质量状态。为此，要定时抽样取得数据，将其变为点绘在图上，发现并及时消除生产过程中的失调现象，预防不合格品的产生。

（三）种类

1. 按用途划分

（1）分析用控制图

分析生产过程是否处于控制状态，采取连续抽样方式。

（2）管理（或控制）用控制图

用来控制生产过程，使之经常保持在稳定状态下，采取等距抽样方式。

2. 按质量数据特点划分

（1）计量值控制图；

（2）计数值控制图；

（3）控制图的观察与分析。

当控制图同时满足两个条件，一是点几乎全部落在控制界限之内，二是控制界限内的点排列没有缺陷，就可以认为生产过程基本上处于稳定状态。如果点的分布不满足其中任何一条，都应判断生产过程异常。

第五节　水利工程施工质量控制的难题及解决措施

一、建设工程项目总体规划与设计质量控制

（一）建设工程项目总体规划编制

1. 建设工程项目总体规划过程

从广义上来说，包括建设方案的策划、决策过程和总体规划的制订过程。建设工程项目的策划与决策过程主要包括建设方案策划、项目可行性研究论证和建设工程项目决策。建设工程项目总体规划的制订是要具体编制建设工程项目规划设计文件，对建设工程项目的决策意图进行直观的描述。

2. 建设工程项目总体规划的内容

建设工程项目总体规划的主要内容是解决平面空间布局、道路交通组织、场地竖向设计、总体配套方案、总体规划指标等问题。

（二）建设工程项目设计质量控制的方法

1. 建设工程项目设计质量控制的内容

主要从满足建设需求入手，包括法律法规、强制性标准和合同规定的明确需要以及潜在需要，以使用功能和安全可靠性为核心，做好功能性、可靠性、观感性和经济性质量的综合控制。

2. 建设工程项目设计质量控制的方法

设计质量的控制方法主要通过设计任务的组织、设计过程控制和设计项目管理来实现。

二、存在的问题

（一）质量意识普遍较低

施工过程中，不能重视施工质量控制，没有考虑到施工质量的重要性。当质量与进度发生矛盾，费用紧张时，就放弃了质量控制的中心和主导地位，变成了提前使用、节约投资。

（二）对设计和监理的行政干预多

在招标投标阶段或开工开始，有些业主就提出提前投入使用、节约投资的指标。有的则是提出许多具体的设计优化方案，指令设计组执行。对于大型工程，重要的优化方案都须经咨询专家慎重研究后，正式向设计院提出设计院接到建议，组织有关专家研究之后，才做出正式决策。个别领导提出的方案，只能作为设计院工作的提示。

优化方案可能是很好的，也可能是不成熟的。仓促决策，可能对质量控制造成重大影响。

（三）设计方案变更过多

水利工程的设计方案变更比较随便，有些达到了优化的目的，有的则把合理的方案改到了错误的道路上。设计方案变更将导致施工方案的调整和设备配置的变化，牵一发而动全身。没有明显的错误，或者缺乏优化的可靠论证，不宜过多变更设计方案。

（四）设代组、监理部力量偏小

一方面是限于费用，另一方面是轻视水利工程，在设代组和监理部的人员配备上，往往偏少、偏弱。水利工程建设中的许多问题，都要由设代组或监理部在现场独立做出决定，更需要派驻专业齐全、经验丰富的工程师到场。

（五）费用较紧、工作条件较差

施工设备、试验设备大多破旧不全，交通、通信不便，安全保护、卫生医疗、防汛抗灾条件都较差。

三、解决措施

（一）监理工作一定要及早介入，贯穿建设工作全过程

开工令发布之前的质量控制工作比较重要。施工招标的过程、施工单位进场时的资质复核，施工准备阶段若干重大决策的形成，都对施工质量起着举足轻重的影响。开工伊始，就应形成一种严格的模式，坏习惯一旦养成，很难改正。工程上马时的第一件事，就是监理工作招标投标，随之组建监理部。

（二）处理好监理工程师的质量控制体系与施工单位的质量保证体系之间的关系

总的来说，监理工程师的质量控制体系是建立在施工承包商的质量保证体系上的。后者是基础，没有一个健全的、运转良好的施工质量保证体系，监理工程师很难有所作为。因此，监理工程师质量控制的首要任务就是在开工令发布之前，检查施工承包商是否有一个健全的质量保证体系，没有肯定答复，不签发开工令。

（三）监理在每个环节实施监控

质量控制体系由多环节构成，任何一个环节松懈，都可能造成失控。不能把控制点仅仅设到验收这最后一关，而是要每个工序、每个环节实施控制。首先检查承包商的施工技术员、质检员，值班工程师是否在岗，施工记录是否真实、完整，质量保证机构是否正常运转。监理部一定要分工明确，各负其责，方能使每个环节都有人监控。

（四）严禁转包

主体工程不能分包。对分包资质要严加审查，不允许多次分包。

水利工程的资质审查，通常只针对企业法人，对项目部的资质很少进行复核。项目部

是独立性很强的经济、技术实体，是对质量起保证作用的关键所在。一旦转包或多次分包，连责任都不明确了，从合同法来讲是企业法人负责，而在实际运作中是无人负责。

（五）监理部的责、权、利要均衡

按照国际惯例，监理工程师应当是责任重、权利大、利益高，监理费用一般略高于同一工程的设计费比率。监理工作是一种脑力与体力双能耗的高智能劳动，要求监理人员具有丰富的专业知识、管理经验，吃苦耐劳，廉洁奉公。

但是，目前水利工程的监理，实际上是一种契约劳务。费用不是按工程费用的比率计算，而是按劳务费的计算方法或较低的工程费用的比率确定。责任是非常扩大化的（质量、进度、投资控制的一切责任），但是权力却集中在业主手上。

（六）正确处理业主、监理、施工三方及地方政府有关部门的关系

在建设管理中执行业主制、监理制和招标投标制，是一个巨大的进步。三方都有一个观念转变的过程。各自找准自己的位置是最重要的。"对号入座、进入角色"之后，三方的关系就易于处理好。三者不是上下级关系，也不是对立关系，而是合同双方平等互利关系，是社会主义企业之间互助协作的关系。

业主和监理虽然是管理工作的主动方，但是必须认清：施工单位是建设的主体，质量控制的好坏，主要取决于施工企业。

与地方政府各部门关系是否正常，是关系到工程施工是否有个良好环境的重点。供水、供电、征地、移民，以及砂石料场等，无不对质量的稳定产生很大的影响。

质量控制是监理工程师的首要任务。监理工程师的权威是在工作中建立起来的，也是在业主和施工单位支持下树立起来的。没有独立性、公正性与公平性，哪有威信可言。独立性是业主赋予的，公正性与公平性需要施工单位支持和信任，并且予以承认。

（七）重视监理工作，抓好监理队伍的建设

目前，我国水利工程的监理工作，有多种多样的形式：有业主自己组织、招聘精兵强将组建监理部；也有按正规途径招标投标，选择监理单位的。事实证明，业主制、监理制和招标投标制是一整套建设制度，缺一不可。施工企业最先进入竞争行列，自有一套适合市场机制的管理办法，越是成熟，越需要监理制配合，并对其行为进行规范。

监理工程师责任重大，首先要求监理人员有敬业精神，精通业务，清廉公正。但是一个监理单位不仅是一个劳务集体，也是一个技术密集型的企业。作为一个经济集体，除组织建设外，还必须有一定的投入，在软件和硬件方面都要有一定积累。这样方能在知识经

济时代占有一席之地。

　　水利工程的质量控制工作极为重要，绝不可忽视。优良的施工质量要业主、监理和施工方共同努力去争取。监理工程师的质量控制体系是建立在施工企业的质量保证体系基础之上的，无论监理投入多大的人力、物力，都不应代替施工方自身的质量保证体系，业主和监理应协力为其健全和正常运转创造条件。

参考文献

［1］张义. 水利工程建设与施工管理［M］. 长春：吉林科学技术出版社，2020.

［2］张灵军，张蕾. 水利工程建设与水利工程管理［M］. 长春：吉林科学技术出版社，2020.

［3］王立权. 水利工程建设项目施工监理概论［M］. 北京：中国三峡出版社，2020.

［4］孙祥鹏，廖华春. 大型水利工程建设项目管理系统研究与实践［M］. 郑州：黄河水利出版社，2019.

［5］周苗. 水利工程建设验收管理［M］. 天津：天津大学出版社，2019.

［6］高爱军，王亚标. 水资源与水利工程建设［M］. 长春：吉林科学技术出版社，2019.

［7］刘明忠，田淼. 水利工程建设项目施工监理控制管理［M］. 北京：中国水利水电出版社，2019.

［8］李宝亭，余继明. 水利水电工程建设与施工设计优化［M］. 长春：吉林科学技术出版社，2019.

［9］侯超普. 水利工程建设投资控制及合同管理实务［M］. 郑州：黄河水利出版社，2018.

［10］王绍民，郭鑫. 水利工程建设与管理［M］. 天津：天津科学技术出版社，2018.

［11］王海燕，乔海英. 水利工程建设管理［M］. 北京：中国纺织出版社，2018.

［12］孙本轩，张旭东. 水利工程建设管理与水经济发展［M］. 五家渠：新疆生产建设兵团出版社，2018.

［13］韩冬梅，陈文江. 水利工程造价［M］. 武汉：华中科技大学出版社，2017.

［14］苗兴皓. 水利水电工程造价与实务［M］. 北京：中国环境出版社，2017.

［15］郭广军，郑月林. 现代水利工程建设与管理［M］. 延吉：延边大学出版社，2017.

［16］常春. 水利工程建设与造价管理［M］. 长春：吉林科学技术出版社，2017.

［17］肖文素. 水利水电施工与工程建设［M］. 天津：天津科学技术出版社，2017.

［18］刘明远. 水利水电工程建设项目管理［M］. 郑州：黄河水利出版社，2017.

［19］高玉琴，方国华. 水利工程管理现代化评价研究［M］. 北京：中国水利水电出版社，2020.

［20］曾光宇，王鸿武. 水利坚持节水优先强化水资源管理［M］. 昆明：云南大学出版社，2020.

［21］袁俊周，郭磊. 水利水电工程与管理研究［M］. 郑州：黄河水利出版社，2019.

［22］李明. 水利水电工程移民实施管理研究［M］. 北京：经济管理出版社，2019.

［23］许建贵，胡东亚. 水利工程生态环境效应研究［M］. 郑州：黄河水利出版社，2019.

［24］姬志军，邓世顺. 水利工程与施工管理［M］. 哈尔滨：哈尔滨地图出版社，2019.

［25］马乐，沈建平. 水利经济与路桥项目投资研究［M］. 郑州：黄河水利出版社，2019.

［26］刘荣钊，马成远. 水利工程施工设计优化研究［M］. 长春：吉林科学技术出版社，2019.

［27］张星一，刘宁. 水利工程管理研究［M］. 天津：天津科学技术出版社，2018.

［28］薛根林. 水利工程施工与管理研究［M］. 延吉：延边大学出版社，2018.

［29］曹广稳. 水利工程质量管理研究［M］. 北京：中国国际广播出版社，2018.

［30］陈俊. 水利水电工程施工与管理研究［M］. 天津：天津科学技术出版社，2018.

［31］张宗超，杜辉. 水利水电工程项目管理研究［M］. 长春：吉林人民出版社，2018.

［32］王海雷，王力. 水利工程管理与施工技术［M］. 北京：九州出版社，2018.

［33］高占祥. 水利水电工程施工项目管理［M］. 南昌：江西科学技术出版社，2018.